计量测试科学研究与应用丛书

力学专用计量器具计量技术

刘全红　冯海盈　主编

黄河水利出版社
·郑州·

内 容 提 要

本书从力值、振动、转速力学专用计量器具,建材力学专用计量器具,以及其他力学专用计量器具等方面的计量测试出发,针对力学专用计量器具的测量方法、测量环境、测量用标准器、测量过程中遇到的各种问题及其解决方法进行了扼要阐述,并对测量结果的不确定度分析与评定办法进行了详细分析,旨在培养力学计量专业领域的计量检定校准人员,为社会输送具备扎实的力学计量测试知识基础和过硬的力学专业计量测试本领的应用型技术人才。

本书适合计量从业者及相关专业科技工作者阅读参考。

图书在版编目(CIP)数据

力学专用计量器具计量技术/刘全红,冯海盈主编.—郑州:黄河水利出版社,2023.10

ISBN 978-7-5509-3774-1

Ⅰ.①力… Ⅱ.①刘… ②冯… Ⅲ.①力学-计量 Ⅳ.①TB93

中国国家版本馆 CIP 数据核字(2023)第 203858 号

组稿编辑:田丽萍 电话:0371-66025553 E-mail:912810592@qq.com

责任编辑 赵红菲 责任校对 郭 琼

封面设计 张心怡 责任监制 常红昕

出版发行 黄河水利出版社

地址:河南省郑州市顺河路 49 号 邮政编码:450003

网址:www.yrcp.com E-mail:hhslcbs@126.com

发行部电话:0371-66020550

承印单位 河南新华印刷集团有限公司

开 本 787 mm×1 092 mm 1/16

印 张 14.75

字 数 350 千字

版次印次 2023 年 10 月第 1 版 2023 年 10 月第 1 次印刷

定 价 65.00 元

《力学专用计量器具计量技术》编委会

前 言

力学计量被应用于贸易结算、安全防护、医疗卫生、环境监测、资源控制、社会管理、国防建设、科学研究和社会发展等各个行业。力学计量与人们生活息息相关,无处不在,无时不有。力学计量对于国民经济建设、科学技术进步、人民生活和社会全面发展具有重要意义。

力学计量是计量技术的重要基础。力学计量是计量学中最基本的学科之一,可细分为质量、力值、扭矩、硬度、振动、冲击、转速、压力、容量、密度、流量、流速等。力学计量工作涉及力值、扭矩、硬度、振动、机械功率、位移、速度、角速度、加速度等物理量的计量。

力学计量常见的有试验机、测力仪、扭矩、转速、振动、硬度、力标准机及建材专用仪器的计量,力学计量包罗万象,涉及的内容非常广泛,另外还有一些专用计量仪器也属于力学计量范畴,主要包括:烟草行业中的烟支硬度仪和卷烟含末率测定仪的检定,粮食质检行业的容重器和谷物水分测定仪的检定,以及工程建筑行业中建筑幕墙,建筑外窗气密、水密、抗风压性能的检测等。虽然这些仪器的计量参数并不完全符合力学领域的常规计量,但是其中一项或多项指标仍属于力学计量技术指标,因此依然将它们纳入力学计量的范畴。

由于编者水平和时间有限,书中难免存在不足之处,望大读者批评指正。

编 者

2023 年 8 月

目　录

第 1 章　专用工作测力机计量技术解析

小负荷专用工作测力机是用于测量各种力值或载荷的便携式计量仪器，被广泛应用于医疗器材、薄膜和纸张等产品的装配工艺和出厂检验的相关参数的校准，如拉拔测力机、撕裂强度测力机和拉链拉合轻滑度测试仪等。虽然测力机的结构形式各种各样，用途广泛，但其工作原理是比较单一的单轴拉力或压力的试验。由于这方面的仪器用途专一，因此有些要求与通用的拉力、压力和万能试验机有所不同。

为了满足日常检定工作的需求，以下从校准规范、不确定度评定方法及校准规范解读等方面进行阐述。

第 1 节　《专用工作测力机校准规范》(JJF 1134—2005)节选

1　范围

本规范适用于各种规格和级别的压缩试验仪、颗粒强度测试仪等专用工作测力机(以下简称测力机)的力值校准。

其他专用测力装置的力值校准可参照本规范进行。

2　引用文献

《测量不确定度的评定与表示》(JJF 1059—1999)

《测量仪器特征评定》(JJF 1094—2002)

使用本规范时，应注意使用上述引用文献的现行有效版本。

3　概述

测力机广泛应用于产品、部件及其在制造、装配工艺中的拉力、压力或相关参数的校准。测力机主要由力驱动装置和力指示装置两大部分构成。测力机工作时由力驱动装置对试样施加试验力。力指示装置指示所测力值或相关测量结果。

4　计量特性

4.1　基本要求

A)测力机的指示装置应使用与被测量单位相一致的法定计量单位作为基本计量单位。

B)指示装置显示的相关测量结果，应能根据说明书提供的技术说明、计算公式及有关常数、系数进行验证。

C)指示装置的零点调节功能：

1）力值的零点调节范围应大于由自带附件重力产生的，及不同工作位置、方向（一般考虑垂直与水平方向）引起的最大零点变化。

2）进入测试状态或测量值大于测量下限后零点调节功能应受到限制。

3）测量部分有多个量程时，各量程切换时的零点应一致，其变化不大于较小量程最大允许误差的1/2。

D）用数字显示的测量值应能区分正、负数。

4.2　安全保护装置

A）测力机应有防止试样破碎飞溅、失稳弹出、断裂抛甩等的安全防护结构和（或）设施。

B）加载系统采用液压、机械驱动方式时应有下列安全保护功能：

1）当试验力达到额定值的102%～110%时，超载保护装置应即时作用停止施加力值。

2）当动力驱动承载装置移动至极限位置时，限位装置应即时作用停止移动。

3）当停止或结束试验的设置条件得到满足时，测力机应即时自动停止或结束试验。

4.3　测力机准确度级别与技术指标

A）以引用误差确定级别时计量特性见表1-1。

表1-1　测力机级别及技术指标（FS）

级别（FS）		0.1	0.2	（0.3）	（0.4）	0.5	1.0	2.0	（3.0）	（4.0）	5.0
技术指标/%FS	α'	≤0.05	≤0.20	≤0.15	≤0.20	≤0.25	≤0.50	≤1.0	≤1.5	≤2.0	≤2.5
	f'_0	±0.05	±0.1	±0.15	±0.20	±0.25	±0.5	±1.0	±1.5	±2.0	±2.5
	q'	±0.10	±0.2	±0.30	±0.40	±0.50	±1.0	±2.0	±3.0	±4.0	±5.0
	b'	0.10	0.2	0.30	0.40	0.50	1.0	2.0	3.0	4.0	5.0
	u'	±0.15	±0.3	±0.45	±0.60	±0.75	±1.5	±3.0	±4.5	±6.0	±7.5

注：1.α'—力指示装置的相对分辨力；f'_0—回零相对误差；q'—示值相对误差；b'—示值重复性相对误差；u'—示值进回程相对误差（根据用户需要给出）。

2.指示q'、b'、u'用于测力机定级时参考，除非用户需要一般不据此给出符合与否的评定。

3.不带括号的级别为优先推荐采用的级别。

B）以相对误差确定级别时计量特性见表1-2。

表1-2　测力机级别及技术指标

级别		0.5	1.0	2.0	3.0	（4.0）	5.0
技术指标/%	α	≤0.25	≤0.5	≤1.0	≤1.5	≤2.0	≤2.5
	f_0	±0.25	±0.5	±1.0	±1.5	±2.0	±2.5
	q	±0.5	±1.0	±2.0	±3.0	±4.0	±5.0
	b	0.5	1.0	2.0	3.0	4.0	5.0
	u	±0.75	±1.5	±3.0	±4.5	±6.0	±7.5

注：1.α—力指示装置的相对分辨力；f_0—回零相对误差；q—示值相对误差；b—示值重复性相对误差；u—示值进回程相对误差（根据用户需要给出）。

2.指示q、b、u用于测力机定级时参考，除非用户需要一般不据此给出符合与否的评定。

3.不带括号的级别为优先推荐采用的级别。

4.4　附加功能

A)测力机的其他附加功能如峰值保持、示值锁定、报警、控制、绘图、输出、打印及通信等作用时,其工作性能应能满足说明书和相关试验方法标准的要求。

B)测力机的其他性能指标如时间、长度、速度等的校准应根据说明书和相关技术标准的要求进行。

5　校准条件

5.1　环境条件

A)温度:10~35 ℃,校准过程中温度波动不大于 2 ℃。

B)湿度:≤80%RH。

C)其他条件:校准时不得有影响校准结果的外观缺陷及振动、电磁场或其他干扰源。

5.2　力标准器

5.2.1　根据测力机的规格和结构形式,正确选用相应量程的标准测力砝码、标准测力杠杆、标准测力仪作为校准测力机的力标准器。

5.2.2　建议用于校准测力机的力标准器计量特性见表 1-3。

表 1-3　力标准器技术指标

<table>
<tr><th rowspan="2">测力机级别确定方式</th><th rowspan="2">标准器类型</th><th colspan="3">标准器技术指标</th></tr>
<tr><th>|力值误差|</th><th>重复性</th><th>长期稳定度</th></tr>
<tr><td rowspan="3">%FS</td><td>标准测力砝码</td><td>≤$\frac{1}{3}$|测力机引用误差|</td><td>—</td><td>—</td></tr>
<tr><td>标准测力杠杆</td><td>≤$\frac{1}{3}$|测力机引用误差|</td><td>≤$\frac{1}{3}$(测力机允许重复性)</td><td>—</td></tr>
<tr><td>标准测力仪</td><td>—</td><td>≤$\frac{1}{3}$(测力机允许重复性)</td><td>≤(测力仪允许长期稳定度)</td></tr>
<tr><td rowspan="3">%</td><td>标准测力砝码</td><td>≤$\frac{1}{3}$|测力机相对误差|</td><td>—</td><td>—</td></tr>
<tr><td>标准测力杠杆</td><td>≤$\frac{1}{3}$|测力机相对误差|</td><td>≤$\frac{1}{3}$(测力机相对重复性)</td><td>—</td></tr>
<tr><td>标准测力仪</td><td>—</td><td>≤$\frac{1}{3}$(测力机相对重复性)</td><td>≤(测力仪允许长期稳定度)</td></tr>
</table>

6　校准项目和校准方法

6.1　校准项目

测力机的校准项目见表 1-4。

表 1-4 测力机的校准项目

序号	校准项目	说明
1	相对分辨力	—
2	回零相对误差	
3	示值算术平均值	校准报告上仅给出其中之一及相应不确定度
4	示值相对误差	
5	示值重复性相对误差	—
6	示值进回程相对误差	根据用户需要给出

6.2 校准方法

6.2.1 第 4.1 条基本要求的检查通过目测和操作的方法进行。

6.2.2 第 4.2 条安全保护性能的检查通过目测和操作的方法进行。

6.2.3 满足第 4.1 条、第 4.2 条要求后进行第 4.3 条计量特性的校准：

A）测力机校准前准备工作按说明书要求进行。

B）力标准器的安装与连接。

1）力标准器的安装应保证其受力轴线与测力机的施力轴线相重合。

2）压向测力机进行力值校准时，包括力标准器在内只允许用一个带灵活球面的承压垫。

3）拉向测力机的两端使用环铰连接件，应灵活可靠。

C）计量特性的校准。

1）测力机的测量下限作为校准起始点，在测量范围按需要确定校准点数，如用户未提需要，一般不少于 3 点，各点应大致均匀分布。

2）将力标准器（除标准测力砝码外）和测力机的示值调至零点。沿力标准器受力轴线逐点递增施加试验力值，至校准点保持稳定后读取进程示值，该过程连续进行 3 遍。示值的检定状态必须与使用状态一致。

第一遍校准结果卸除试验力后读取测力机的回零示值。需要给出示值进回程相对误差时通常在第 3 次示值进程校准后接着校准回程。

6.2.4 测力机有关技术指标的计算方法

A）相对分辨力

$$\alpha' = \frac{r}{F_N} \times 100\% \tag{1-1}$$

$$\alpha = \frac{r}{F_r} \times 100\% \tag{1-2}$$

式中 r——检定点示值分辨力；

F_N——测力机的下限值；

F_r——测力机的上限值。

注：（1）对模拟式指示装置，分辨力 r 应根据指针宽度与相邻刻线中心间距（刻度间

隔)的比值来确定，推荐比例为 1/2、1/5、1/10，要估读到 1/10 时，要求刻度间隔不小于1.25 mm。

(2)对数字式指示装置，在测力机未受力时，其示值变化不大于一个增量，分辨力 r 为其末位有效数字的一个增量。若读数变化大于上述定义的分辨力值(在测力机未受力时)，分辨力应视为变化范围的一半。

B)回零相对误差

$$f'_0=\frac{F_{i0}}{F_N}\times100\% \tag{1-3}$$

$$f_0=\frac{F_{i0}}{F_r}\times100\% \tag{1-4}$$

式中　F_{i0}——卸除试验力后的测力机残余示值；

F_r——测力机的下限值；

F_N——测力机的上限值。

C)校准时以力标准器为准，在测力机指示装置上读取示值且按下列各式计算：

1)示值算术平均值

$$\overline{F}_i=\frac{\sum f_{ij}}{n} \tag{1-5}$$

2)示值误差值

$$\delta=\overline{F}_i-F \tag{1-6}$$

3)示值相对误差

$$q'=\frac{\overline{F}_i-F}{F_N}\times100\% \tag{1-7}$$

$$q=\frac{\overline{F}_i-F}{F}\times100\% \tag{1-8}$$

4)示值重复性相对误差

$$b'=\frac{F_{i\max}-F_{i\min}}{F_N}\times100\% \tag{1-9}$$

$$b=\frac{F_{i\max}-F_{i\min}}{F}\times100\% \tag{1-10}$$

5)示值进回程相对误差

$$u'=\frac{F'_i-F_i}{F_N}\times100\% \tag{1-11}$$

$$u=\frac{F'_i-F_i}{F}\times100\% \tag{1-12}$$

式中　f_{ij}——测力机第 i 检定点的第 j 次示值($j=1,2,3,\cdots,n$)；

F_N——测力机的上限值；

F——与力标准器示值对应的试验力；

$\overline{F}_i$——测力机第 i 检定点 n 次进程示值的算术平均值；

$F_{i\max}$,$F_{i\min}$——第 i 检定点 3 次进程示值的最大值和最小值；

F_i——第 i 检定点的测力机进程示值；

F_i'——第 i 检定点的测力机回程示值。

D)根据《测量不确定度的评定与表示》(JJF 1059—1999)的规定给出测量结果的不确定度。

6.3 **附加功能**

第 4.4 条附加功能的要求一般在定型鉴定、样机试验时进行检查。也可根据用户需要检查该项目的部分或全部内容。

第 2 节　专用工作测力机校准结果的不确定度评定方法

1　概述

1.1　**校准方法**

依据《专用工作测力机校准规范》(JJF 1134—2005)。

1.2　**环境条件**

室温 10~35 ℃,校准过程中温度波动不大于 2 ℃。

1.3　**力标准器**

可选择使用标准测力砝码、标准测力杠杆和标准测力仪等各种形式的力标准器。

1.4　**被校对象**

《专用工作测力机校准规范》(JJF 1134—2005)适用的专用工作测力机。

1.5　**校准过程**

在规定环境条件下,将力标准器与测力机沿受力轴线串接。以力标准器产生的力值为准,按力的递增方向校准测力机的各点力值示值,该过程连续进行 3 次,以 3 次示值的算术平均值作为测力机的校准结果。校准结果也可以由力值的示值误差形式给出。

1.6　**评定方法的使用**

对符合上述条件的测力机校准结果,可直接采用本评定方法导出的计算公式进行校准结果的不确定度评定。

2　评定模型

2.1　**数学模型**

不确定度评定的数学模型如下：

$$\delta=\overline{F}-F \qquad (1\text{-}13)$$

式中　δ——测力机的示值误差；

$\overline{F}$——对应标准力 F 作用下测力机 3 次示值的算术平均值；

F——校准测力机时施加的标准力值。

2.2　合成标准不确定度评定模型

根据函数误差理论，由式(1-13)可以导出测力机力值误差的合成标准不确定度。

$$u_c(\delta)=\sqrt{\left[\frac{\partial\delta}{\partial\overline{F}}\right]^2u^2(\overline{F})+\left[\frac{\partial\delta}{\partial F}\right]^2u^2(F)} \tag{1-14}$$

$\overline{F}$与 F 彼此独立，且灵敏系数的计算公式如下：

$\overline{F}$ 的灵敏系数

$$c_1=\frac{\partial\delta}{\partial\overline{F}}=1 \tag{1-15}$$

F 的灵敏系数

$$c_2=\frac{\partial\delta}{\partial F}=-1 \tag{1-16}$$

故式(1-14)可简化为

$$u_c(\delta)=\sqrt{u^2(\overline{F})+u^2(F)} \tag{1-17}$$

3　标准不确定度分量评定

3.1　标准不确定度来源与估算

标准不确定度来源与估算见表1-5，根据表1-5得到的标准不确定度，按式(1-18)~式(1-24)进行计算。

表1-5　标准不确定度来源与估算

项目			符号	半宽度a_i	分类	分布	分布因子k_i	标准不确定度
测力机示值 $u(\overline{F})$	示值重复性		ΔR	$\frac{\Delta R}{1.64}$	A	均匀	$\sqrt{3}$	$\frac{\Delta R}{1.64\sqrt{3}}$
	示值估读能力		r	$\frac{r}{2}$	B	均匀	$\sqrt{3}$	$\frac{r}{2\sqrt{3}}$
力标准器 $u(F)$	标准测力砝码	力值误差	δ_b	δ_b	B	正态	3	$\frac{\delta_b}{3}$
	标准测力杠杆	力值误差	δ_b	δ_b	B	正态	3	$\frac{\delta_b}{3}$
		力值重复性	R_b	$\frac{R_b}{1.64}$	B	均匀	$\sqrt{3}$	$\frac{R_b}{1.64\sqrt{3}}$
	标准测力仪	力值重复性	R_b	$\frac{R_b}{1.64}$	B	均匀	$\sqrt{3}$	$\frac{R_b}{1.64\sqrt{3}}$
		力长期稳定度	S_b	$\frac{S_b}{2}$	B	均匀	$\sqrt{3}$	$\frac{S_b}{2\sqrt{3}}$

续表 1-5

项目			符号	半宽度a_i	分类	分布	分布因子k_i	标准不确定度
力标准器$u(F)$	标准测力仪	温度影响	S_t	$\frac{S_t}{2}$	B	均匀	$\sqrt{3}$	$\frac{S_t}{2\sqrt{3}}$
		内插误差影响	I_p	I_p	B	均匀	$\sqrt{3}$	$\frac{I_p}{\sqrt{3}}$
		滞后	H	H	B	三角	$\sqrt{6}$	$\frac{H}{\sqrt{6}}$

注：ΔR 为测力机示值的极差。

3.2 标准不确定度分量 $u^2(\overline{F})$ 的评定

$$u^2(\overline{F})=\left(\frac{\Delta R}{1.64\sqrt{3}}\right)^2+\left(\frac{r}{2\sqrt{3}}\right)^2 \tag{1-18}$$

3.3 标准不确定度分量 $u^2(F)$ 的评定

$u^2(F)$根据使用不同的力标准器分别评定。

（1）使用标准测力砝码时，标准不确定度分量为

$$u^2(F)=\left(\frac{\delta_b}{3}\right)^2 \tag{1-19}$$

（2）使用标准测力杠杆时，标准不确定度分量为

$$u^2(F)=\left(\frac{\delta_b}{3}\right)^2+\left(\frac{R_b}{1.64\sqrt{3}}\right)^2 \tag{1-20}$$

（3）使用标准测力仪时，标准不确定度分量为

$$u^2(F)=\left(\frac{R_b}{1.64\sqrt{3}}\right)^2+\left(\frac{S_b}{2\sqrt{3}}\right)^2+\left(\frac{S_t}{2\sqrt{3}}\right)^2+\left(\frac{I_p}{\sqrt{3}}\right)^2+\left(\frac{H}{\sqrt{6}}\right)^2 \tag{1-21}$$

3.4 合成标准不确定度计算公式

3.4.1 使用标准测力砝码时的计算公式

将式（1-18）、式（1-19）代入式（1-17），得

$$u_c(\delta)=\sqrt{\left(\frac{\Delta R}{1.64\sqrt{3}}\right)^2+\left(\frac{r}{2\sqrt{3}}\right)^2+\left(\frac{\delta_b}{3}\right)^2} \tag{1-22}$$

3.4.2 使用标准测力杠杆时的计算公式

将式（1-18）、式（1-20）代入式（1-17），得

$$u_c(\delta)=\sqrt{\left(\frac{\Delta R}{1.64\sqrt{3}}\right)^2+\left(\frac{r}{2\sqrt{3}}\right)^2+\left(\frac{\delta_b}{3}\right)^2+\left(\frac{R_b}{1.64\sqrt{3}}\right)^2} \tag{1-23}$$

3.4.3 使用标准测力仪时的计算公式

将式（1-18）、式（1-21）代入式（1-17），得

$$u_c(\delta)=\sqrt{\left(\frac{\Delta R}{1.64\sqrt{3}}\right)^2+\left(\frac{r}{2\sqrt{3}}\right)^2+\left(\frac{R_b}{1.64\sqrt{3}}\right)^2+\left(\frac{S_b}{2\sqrt{3}}\right)^2+\left(\frac{S_t}{2\sqrt{3}}\right)^2+\left(\frac{I_p}{\sqrt{3}}\right)^2+\left(\frac{H}{\sqrt{6}}\right)^2} \quad (1\text{-}24)$$

4　合成标准不确定度计算公式的应用条件

(1)按照校准规范建议的技术要求选择标准测力砝码、标准测力杠杆作为力标准器并按规定的环境条件使用时,可忽略力标准器本身的不确定度对校准结果的影响。可简化合成标准不确定度计算式为

$$u_c(\delta)=\sqrt{\left(\frac{\Delta R}{1.64\sqrt{3}}\right)^2+\left(\frac{r}{2\sqrt{3}}\right)^2} \quad (1\text{-}25)$$

(2)选用百分表式标准测力仪作为力标准器且定度点与使用点重合时,可略去内插误差影响 I_p 及滞后 H 引入的不确定度影响,可简化合成标准不确定度计算式为

$$u_c(\delta)=\sqrt{\left(\frac{\Delta R}{1.64\sqrt{3}}\right)^2+\left(\frac{r}{2\sqrt{3}}\right)^2+\left(\frac{R_b}{1.64\sqrt{3}}\right)^2+\left(\frac{S_b}{2\sqrt{3}}\right)^2+\left(\frac{S_t}{2\sqrt{3}}\right)^2} \quad (1\text{-}26)$$

(3)对应变式测力仪一般不进行标准数据的温度修正,可简化合成标准不确定度计算式为

$$u_c(\delta)=\sqrt{\left(\frac{\Delta R}{1.64\sqrt{3}}\right)^2+\left(\frac{r}{2\sqrt{3}}\right)^2+\left(\frac{R_b}{1.64\sqrt{3}}\right)^2+\left(\frac{S_b}{2\sqrt{3}}\right)^2+\left(\frac{I_p}{\sqrt{3}}\right)^2+\left(\frac{H}{\sqrt{6}}\right)^2} \quad (1\text{-}27)$$

5　扩展不确定度

5.1　扩展不确定度的计算

一般给出 $k=2$ 时的扩展不确定度 U。

$$U=ku_c \quad (k=2) \quad (1\text{-}28)$$

5.2　相对扩展不确定度的计算

$$U_{rel}=\frac{U}{F} \quad (k=2) \quad (1\text{-}29)$$

$$U_{rel}=\frac{U}{F_N} \quad (k=2) \quad (1\text{-}30)$$

第3节　《专用工作测力机校准规范》(JJF 1134—2005)解读

1　修订背景

专用工作测力机是用于仪器力学性能计量及试样力学性能测试的仪器。近年来,科学技术飞速发展,国内外涌现出许多新型的测力机,除对其力值的测量性能提出了计量要

求外,有越来越多的其他技术参数,也有日益严格的计量要求,如活塞的移动位移、加载机构的加载速度等。原规程中的部分条款已无法满足部分测力机的计量特性,因此有必要对工作测力机的各种规程进行统一修订。

(1)为了适应我国全面采用国际标准的情况,规程指标与国际标准、国际法制计量组织标准相一致;

(2)理顺在日常检定过程中采用规程种类的问题。

2 修订后的适用范围和主要技术内容

《专用工作测力机校准规范》(JJF 1134—2005)适用于工作测力机的校准。主要内容包括范围、引用文献、概述、计量特性、校准条件、校准项目和校准方法、校准结果表达、复校时间间隔及附录。

3 修订的主要内容

(1)明确了范围内的开展项目。

原规范的范围中"压缩试验仪"比较笼统,现在明确提出了"弹簧拉压试验机、量仪测力仪、液压式张拉机、预应力钢丝张拉机"等具体计量器具。

由于 JJF 1134 不仅对测力机的力值性能进行校准,对其他技术参数也提出了校准要求,因此将"力值校准"修改为"校准"。其他专用测力装置的"力值校准" 修改为"校准"。

(2)概述中对测力机的工作原理和定义做了进一步明确。

(3)增加了加荷条件及准备工作的技术要求。

(4)对校准测力机力值性能所需标准器的技术要求进行了整合。

对力标准器的准确度级别提出了应优于测力机准确度级别 3 倍的技术要求。在实际工作中,由于各级计量机构的水平参差不齐,在建立测力机校准装置过程中,对于所需力标准器的准确度级别容易出现理解误差,因此在 JJF 1134 中,对力标准器的准确度级别做出了调整,与《工作测力仪检定规程》(JJG 455—2000)中所提技术要求尽可能相近,便于理解和实际应用。

(5)增加了位移、速度、转角等其他校准项目和其校准方法。

(6)增加了位移、速度、转角等其他校准项目的计量标准器。

(7)增加了校准测力机时预加载的技术要求。

在原规范中并没有对测力机提出预加载的技术要求,但是在实际工作中,测力机有没有进行预加载,其数据可能存在较大差异,因此 JJF 1134 中提出了对测力仪进行预加载的技术要求。

(8)增加了校准测力机时以测力机为准,读取力标准器读数示值的计算方法。

(9)附录中增加了位移、速度、转角等其他校准项目不确定度评定。

通过规范解读,能够对新规范的条款进行熟悉,快速准确地进行日常检定工作,通过对不确定度评定,以及对各个量的变换,使各个量的单位得到统一,避免出现不带单位的相对量和带单位的绝对量进行代数运算的情况,消除了应用规范中的不确定度计算公式易发生的错误,达到了校准专用工作测力机时正确计算不确定度的目的。

第 2 章　原位压力机计量技术解析

中华人民共和国住房和城乡建设部于 2012 年发布了《砌体工程现场检测技术标准》(GB/T 50315—2011),该标准采纳了砌体工程现场检测技术的最新成果,开展了砌体工程现场检测方法的专题研究,对各项检测方法进行了大量验证性试验,并参考了国际标准,最后定稿发布。对既有砌体工程,在进行下列鉴定时,应按该标准检测和推定砂浆强度、砖的强度或砌体的工作应力、弹性模量和强度:

(1)安全鉴定、危房鉴定及其他应急鉴定;

(2)抗震鉴定;

(3)大修前的可靠性鉴定;

(4)房屋改变用途、改建、加层或扩建前的专门鉴定。

基于此类鉴定的重要性,鉴定所使用的计量设备的溯源尤显重要。原位轴压法适用于推定 240 mm 厚普通砖砌体或多孔砖砌体的抗压强度,检测计量器具为原位压力机。

《原位压力机检定规程》[JJG(豫)200—2016]于 2016 年 4 月发布,更科学、合理、规范地统一了原位压力机的计量性能要求及相应的检定方法,使得原位压力机量值统一、准确、可靠,从而保证了检测和推定砌筑砂浆或砖的强度能得到正确的评定。

为了满足日常检定工作的需求,下文从检定规程及不确定度评定等方面进行阐述。

第 1 节　《原位压力机检定规程》[JJG(豫)200—2016]节选

1　范围

本规程适用于新制造、使用中和修理后的各种原位压力机和原位轴压仪(以下简称压力机)的首次检定、后续检定和使用中检查。

2　引用文件

《试验机　通用技术要求》(GB/T 2611—2007)

《砌体工程现场检测技术标准》(GB/T 50315—2011)

《液压千斤顶》(JJG 621)

凡是注日期的引用文件,仅注日期的版本适用于本规程;凡是不注日期的引用文件,其最新版本(包括所有的修改单)适用于本规程。

3　术语

3.1　内泄漏 internal leak

压力机在保持压力时,因内部密封不良产生的泄压现象。

3.2　校准方程 calibration equation

为了使压力机能在给定力值范围内连续使用,根据有限次数的定度数据建立的原位压力机压力表示值与施加的标准力值之间的关系式。

注:一般为一次或二次曲线。

4　概述

压力机主要由扁式千斤顶、手动油泵和指示器等组成,其工作原理是手动油泵通过油路对扁式千斤顶供油,扁式千斤顶对试样施加作用力,通过数字式或模拟式指示器直接或间接显示施加的力值。

5　计量性能要求

5.1　指示器显示为力值时,压力机技术指标见表 2-1。

表 2-1　指示器显示为力值时,压力机技术指标

准确度等级	示值重复性 R	示值误差 δ	相对分辨力 R_{es}	零点漂移 Z	回零差 f_0	内泄漏 L_k
3 级	3%	±3%	1.5%	0.3%FS	1.5%	5%FS

5.2　指示器显示为压力值时,压力机技术指标见表 2-2。

表 2-2　指示器显示为压力值时,压力机技术指标

示值重复性 R	内插误差 I	相对分辨力 R_{es}	回零差 f_0	内泄漏 L_k
3%	±3%	1.5%	1.5%	5%FS

6　通用技术要求

6.1　外观与附件

6.1.1　压力机应有铭牌,铭牌上应标明名称、型号、规格、准确度等级、制造厂名、出厂编号及日期。

6.1.2　压力机的主要部件应配套使用与检定,对于更换主要部件的压力机应重新检定。

6.2　压力机指示器

6.2.1　数字式指示器

指示器应正常稳定,数字显示清晰准确、无滞后,并有峰值显示功能。

6.2.2　模拟式指示器

表盘刻度与标记清晰,指针无松动和弯曲,加载时指针走动均匀,无停滞和跳动现象。

6.3　操作适应性

6.3.1　压力机加、卸力应平稳,无妨碍读数的压力波动,无冲击和颤动现象。

6.3.2　油压系统工作正常，反应灵敏，油路无渗漏，液压油清洁纯净。

7　计量器具控制

计量器具控制包括首次检定、后续检定和使用中检查。

7.1　检定条件

7.1.1　环境条件

压力机应在10~35 ℃，相对湿度不大于80%的环境中检定，检定过程中温度波动度不大于2 ℃/h。

7.1.2　检定用标准器具

a）标准测力仪（简称测力仪）：准确度等级不低于0.3级，测力仪的力值上限应与被检压力机额定力值相适应。

b）秒表：分辨力不低于0.1 s。

7.1.3　加力条件

a）测力仪的安装应保证其主轴线与压力机轴线相重合。

b）测力仪与压力机的接触面平滑，不得有锈蚀、擦伤及杂物。

7.2　检定项目和检定方法

7.2.1　压力机检定项目见表2-3。

表2-3　检定项目一览表

检定项目	首次检定	后续检定	使用中检查
通用技术要求	+	-	-
内泄漏	+	+	-
相对分辨力	+	-	-
零点漂移*1	+	-	-
回零差	+	-	-
示值重复性	+	+	+
示值误差*1	+	+	+
内插误差*2	+	+	+

注：1.表中“+”表示需检项目，“-”表示不需检项目；

2.*1表示当压力机显示力值单位时需检项目；

3.*2表示当压力机显示压力值单位时需检项目。

7.2.2　通过目测和实际操作对压力机进行检查，其结果应满足6.1~6.3的要求。

7.2.3　相对分辨力R_{es}的检定

数字式指示器相对分辨力的判定：在空载的情况下，如果数字式指示装置的示值变动不大于一个增量，则认为其分辨力r为一个增量。若示值变动大于一个增量，则认为此时的分辨力r等于变动范围的一半加上一个增量。

模拟式指示器相对分辨力的判定：模拟式指示器的分辨力r为最小分度值的1/10或1/5。

相对分辨力 R_{es} 按式(2-1)或式(2-2)计算,其结果应符合表 2-1 或表 2-2 的要求。

指示器以力值为单位时:

$$R_{es}=\frac{r}{F}\times 100\% \tag{2-1}$$

式中 r——指示器分辨力,kN;

F——压力机额定力值的 20%,kN。

指示器以压力值为单位时:

$$R_{es}=\frac{r}{p}\times 100\% \tag{2-2}$$

式中 r——指示器的分辨力,kN。

p——压力机额定压力值的 20%,MPa。

7.2.4 零点漂移的检定

压力机通电预热 15 min,使其处于正常工作状态,并置零,每隔 3 min 读取一个显示值,15 min 内的最大值和最小值之差为 f,通过式(2-3)计算出零点漂移 Z,应符合表 2-1 或表 2-2 的要求。

$$Z=\frac{f}{F_N}\times 100\% \tag{2-3}$$

式中 f——压力机 15 min 内最大值和最小值之差,kN。

F_N——压力机额定力值,kN。

7.2.5 回零差的检定

加力至压力机的额定值,卸至零负荷约 30 s 后记录零点。按式(2-4)或式(2-5)计算压力机的回零差,其结果应满足表 2-1 或表 2-2 的要求。

指示器以力值为单位时:

$$f_0=\frac{F_0}{F_N}\times 100\% \tag{2-4}$$

式中 f_0——卸除负荷后,压力机力值示值,kN;

F_N——压力机额定力值,kN。

指示器以压力为单位时:

$$f_0=\frac{p_0}{p_N}\times 100\% \tag{2-5}$$

式中 p_0——卸除压力后,压力机压力示值,MPa;

p_N——压力机额定压力值,MPa。

7.2.6 内泄漏 L_k 的检定

将压力机活塞伸出其有效行程约 2/3 处,加压至满量程,读取 5 min 内其指示器的最大变化值,按式(2-6)或式(2-7)计算内泄漏 L_k,其结果应满足表 2-1 或表 2-2 的要求。

指示器以力值为单位时:

$$L_k=\frac{\Delta F}{F_{max}}\times 100\% \tag{2-6}$$

式中　F_{max}——压力机显示的最大力值，kN；

ΔF——5 min 内压力机的最大变化值，kN。

指示器以压力为单位时：

$$L_k = \frac{\Delta P}{P_{max}} \times 100\% \tag{2-7}$$

式中　P_{max}——压力机显示的最大压力值，MPa；

ΔP——5 min 内压力机的最大变化值，MPa。

7.2.7　示值误差和示值重复性的检定

7.2.7.1　将压力机水平放置，并调整至工作状态，与标准测力仪串接，见图 2-1。

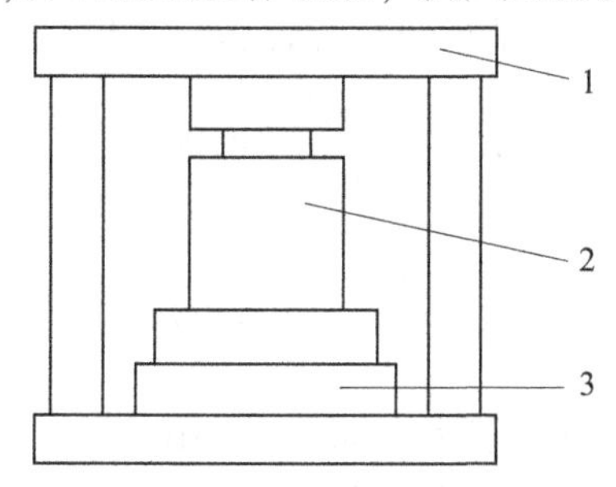

1—压力机框架；2—标准测力仪；3—压力机。

图 2-1　压力机检定示意图

7.2.7.2　手动加压，施加最大力值三次作为预压。

7.2.7.3　试验力施加应缓慢平稳，不得有冲击和超载。

7.2.7.4　试验力的检定从额定力值的 20%开始直至最大力值，检定点的选择尽量均匀分布，一般不少于 5 点，检定重复进行三次。

7.2.7.5　压力机指示器显示力值时：

a）以测力仪标准值为准，在压力机指示器上读数时，按照式（2-8）、式（2-9）分别计算示值误差 δ 和示值重复性 R，其结果应符合表 2-1 或表 2-2 的要求。

$$\delta = \frac{\overline{F}_i - F}{F} \times 100\% \tag{2-8}$$

$$R = \frac{F_{imax} - F_{imin}}{F} \times 100\% \tag{2-9}$$

式中　$\overline{F}_i$——压力机同一检定点 3 次读数的算术平均值，kN；

F——测力仪指示力值，kN；

F_{imax}——压力机同一检定点读数的最大值，kN；

F_{imin}——压力机同一检定点读数的最小值，kN。

b）以压力机示值为准，在测力仪上读数时，按照式（2-10）、式（2-11）分别计算示值误差 δ 和示值重复性 R，其结果符合表 2-1 或表 2-2 的要求。

$$\delta = \frac{F - \overline{F}_i}{\overline{F}_i} \times 100\% \tag{2-10}$$

$$R=\frac{F_{i\max}-F_{i\min}}{\overline{F}_i}\times 100\% \tag{2-11}$$

式中 F——压力机指示力值,kN;

$\overline{F}_i$——测力仪同一检定点三次读数的算术平均值,kN;

$F_{i\max}$——测力仪同一检定点读数的最大值,kN;

$F_{i\min}$——测力仪同一检定点读数的最小值,kN。

7.2.7.6 压力机指示器显示压力时:

a)以测力仪标准值为准,在压力机指示器上读数时,按照式(2-12)、式(2-13)分别计算示值重复性 R 和内插误差 I,其结果应符合表 2-1 或表 2-2 的要求。

$$R=\frac{P_{i\max}-P_{i\min}}{\overline{P}_i}\times 100\% \tag{2-12}$$

$$I=\frac{P_{ci}-\overline{P}_i}{\overline{P}_i}\times 100\% \tag{2-13}$$

式中 $P_{i\max}$——压力机同一检定点读数的最大值,MPa;

$P_{i\min}$——压力机同一检定点读数的最小值,MPa;

$\overline{P}_i$——压力机同一检定点 3 次读数的算术平均值,MPa;

P_{ci}——由校准方程求出的与负荷相对应的示值拟合值,MPa。

b)以压力机示值为准,在测力仪上读数时,按照式(2-14)、式(2-15)分别计算示值重复性 R 和内插误差 I,其结果应符合表 2-1 或表 2-2 的要求。

$$R=\frac{F_{i\max}-F_{i\min}}{\overline{F}_i}\times 100\% \tag{2-14}$$

$$I=\frac{P_i-P_{ci}}{P_i}\times 100\% \tag{2-15}$$

式中 $F_{i\max}$——测力仪同一检定点读数的最大值,kN;

$F_{i\min}$——测力仪同一检定点读数的最小值,kN;

$\overline{F}_i$——测力仪同一检定点三次读数的算术平均值,kN;

P_i——检定点对应的压力机指示器压力示值,MPa;

P_{ci}——由校准方程求出的与负荷相对应的示值拟合值,MPa。

8 检定结果的处理

经检定合格的压力机发给检定证书,不合格的压力机发给检定结果通知书并注明不合格项目。

9 检定周期

压力机的检定周期一般不超过半年。对修理后的压力机,应重新检定。

第 2 节　不确定度评定

依据检定规程,采用 0.3 级标准测力仪对原位压力机示值误差进行检定,检定点选择为 800 kN。

1　测量模型

示值误差计算公式为

$$\delta = F_a - F_b \tag{2-16}$$

式中　δ——力值示值误差;

F_a——原位压力机示值,kN;

F_b——标准测力仪示值,kN。

2　方差和灵敏系数

方差:

$$u_c^2 = u^2(\delta) = c_1^2 u^2(F_a) + c_2^2 u^2(F_b) \tag{2-17}$$

灵敏系数:

$$c_1 = \frac{\partial \delta}{\partial F_a} = 1 \tag{2-18}$$

$$c_2 = \frac{\partial \delta}{\partial F_b} = -1 \tag{2-19}$$

3　各项标准不确定度

3.1　标准测力仪不准引入的标准不确定度

标准测力仪的力值测量合成不确定度为 0.3%,以均匀分布考虑,$k=2$,则

$$u_b = \frac{800 \times 0.3\%}{2} = 1.20\ (\text{kN}) \tag{2-20}$$

3.2　示值重复性引入的不确定度

在相同条件下对某台原位压力机重复测量 10 次,测量数据见表 2-4。

表 2-4　检定点 800 kN 时原位压力机示值　单位:kN

原位压力机示值										平均值
797.5	804.0	803.5	803.8	798.2	800.4	798.6	804.3	804.2	802.6	801.71

由测量数据计算单次试验标准偏差:

$$s(x) = \sqrt{\frac{\sum_{i=1}^{n}(x_i - \bar{x})^2}{n-1}} \approx 2.75\ (\text{kN}) \tag{2-21}$$

以 3 次测量的平均值作为校准值时，示值重复性引入的标准不确定度分量为

$$u_a = \frac{s(x)}{\sqrt{3}} \approx 1.59\ (\mathrm{kN}) \tag{2-22}$$

4　各项不确定度分量一览表

将上述不确定分析列入表 2-5。

表 2-5　弹簧变形量为 20 mm 时不确定度分量一览表

不确定来源	标准不确定度/kN	灵敏系数 c_i	不确定度分量 $\lvert c_i \rvert \cdot u(x_i)$/kN
标准测力仪引入的标准不确定度 u_b	1.20	−1	1.20
示值重复性 u_a	1.59	1	1.59

注：由温度变化所引入的不确定度同其他因素引入的不确定度相比属于高阶小量，Δt、k 对不确定度的贡献忽略不计。

5　合成标准不确定度 $u_c(\delta)$

力值合成标准不确定度为

$$u_c(\delta) = 2.0(\mathrm{kN}) \tag{2-23}$$

6　扩展不确定度 U

取包含因子 $k=2$，则

$$U = ku_c(\delta) = 4.0(\mathrm{kN}) \tag{2-24}$$

7　相对扩展不确定度 U_{rel}

因为 F_b 的平均值 $\overline{F}_b = 801.71$，所以

$$U_{rel} = \frac{U}{\overline{F}_b} \approx 0.50\% \tag{2-25}$$

第3章　液压千斤顶计量技术解析

随着我国建设工程施工技术的不断发展,钢筋预应力结构张拉工艺在施工中得到极为广泛的使用。特别是近年来在我国的市政工程、公路、铁路桥梁工程以及高速铁路的无砟轨道工程等领域,钢筋预应力结构张拉工艺已成为建筑工程施工的重难点控制工程和核心技术。作为预应力结构张拉质量控制的核心计量设备,液压千斤顶的检定和校准工作就成为了预应力钢筋混凝土工程质量保证的关键,因此这项工作要求越来越严格,受重视程度也越来越高。为了进一步提高预应力结构工程千斤顶计量检定和校准结果的准确可靠度,确保工程质量,本章从检定规程、检定规程解读及关于检定规程的疑问和建议等方面进行阐述。

第1节　《液压千斤顶》(JJG 621—2012)节选

1　范围

本规程适用于具有指示功能的液压千斤顶(以下简称千斤顶)的首次检定、后续检定和使用中检查。

2　引用文件

《弹簧管式精密压力表和真空表》(JJG 49—1999)
《通用计量术语及定义》(JJF 1001)
《预应力用液压千斤顶》(JG/T 321—2011)
《油压千斤顶》(JB 2104—1991)

凡是注日期的引用文件,仅注日期的版本适用于本规程;凡是不注日期的引用文件,其最新版本(包括所有的修改单)适用于本规程。

3　术语

3.1　**负载效率** load efficiency

千斤顶输出力值与理论力值之比。

3.2　**内泄漏** internal leak

千斤顶在保持压力时,因内部密封不良产生的漏油现象。

3.3　**校准方程** calibration equation

为了使千斤顶能在给定力值范围内连续使用,根据有限次数的定度数据建立的千斤顶压力表示值与施加的标准力值之间的关系式。

注:一般为一次或二次曲线。

4 概述

千斤顶主要由千斤顶本体、油泵、油路和指示器等组成,其工作原理是油泵通过油路对千斤顶本体供油,千斤顶本体对受力体施加作用力,由模拟式指示器或数字式指示器直接或间接指示所施加的力值。液压千斤顶主要用于桩基工程和结构工程的力值施加与控制。

5 计量性能要求

5.1 指示器显示力值时,千斤顶准确度级别及技术指标见表 3-1。

表 3-1 指示器显示力值时,千斤顶准确度级别及技术指标

等级	示值重复性 R/%	示值误差 δ/%	相对分辨力 R_{es}/%FS	内泄漏 L_k/%FS
A	2	±2	0.2	5
B	5	±5		

5.2 指示器显示压力值时,千斤顶准确度级别及技术指标见表 3-2。

表 3-2 指示器显示压力值时,千斤顶准确度级别及技术指标

等级	示值重复性 R/%	负载效率 η/%	内插误差 I/%	相对分辨力 R_{es}/%FS	内泄漏 L_k/%FS
A	2	95	±2	0.2	5
B	5	95	±5		

6 通用技术要求

6.1 外观与附件

6.1.1 千斤顶本体及各主要部件上应有铭牌。铭牌上应有产品名称、型号规格、出厂编号、制造厂、额定油压、活塞面积(或油缸直径)等信息。

6.1.2 千斤顶主要部件应配套检定与使用。对于更换主要部件后可能影响 5.1 主要技术指标的千斤顶,更换后需重新进行后续检定。

6.2 千斤顶指示器

6.2.1 模拟式指示器

a)表盘刻度与标记清晰,指针无松动和弯曲。加力时指针走动均匀,无停滞和跳动现象;未加力时,指针应位于零位或“缩格”内。

b)准确度级别应采用 0.4 级,测量上限为额定油压的 130%~200%。

6.2.2 数字式指示器

a)指示器相对分辨力应符合表 3-1 的技术要求。

b)指示应正常稳定,数字显示清晰准确,并能及时跟踪显示所施加的力值。

6.3　操作适应性

6.3.1　千斤顶油泵加、卸力应平稳，无妨碍读数的压力波动，无冲击和颤动现象。

6.3.2　液压系统工作正常，反应灵敏，油路无渗漏，液压油清洁纯净。

6.3.3　电气部分灵敏可靠，绝缘良好。

7　计量器具控制

计量器具控制包括首次检定、后续检定和使用中检查。

7.1　检定条件

7.1.1　环境条件

检定应在5~35 ℃，相对湿度不大于85%的条件下进行。

7.1.2　检定用计量器具

a)标准测力仪(简称测力仪)：准确度等级不低于0.5级，测力仪的力值上限应与被检千斤顶额定力值相适应。

b)配有足够刚度、稳固的门式框架或张力杆，其结构在承受最大力值时无明显变形。

c)秒表：分辨力不低于0.01 s。

7.1.3　加力条件

a)测力仪的安装应保证其主轴线与千斤顶轴线相重合。

b)测力仪与千斤顶的接触面平滑，不得有锈蚀、擦伤及杂物。

7.2　检定项目和检定方法

7.2.1　检定项目见表3-3。

表3-3　检定项目一览表

检定项目	首次检定	后续检定	使用中检查
外观与附件、操作适应性	+	+	+
指示器技术要求	+	+	-
内泄漏	+	+	+
相对分辨力	+	-	-
示值重复性	+	+	-
示值误差 *1	+	+	
负载效率 *2	+	+	
内插误差 *3	+	+	

注：1.表中“+”表示需检项目；“-”表示不需检项目。

2. *1表示当千斤顶显示力值单位时为需检项目。

3. *2、*3表示当千斤顶显示压力值单位时为需检项目。

7.2.2　第6.1~6.3条通过实际操作与观测进行检查。符合要求后，再进行其余各条检查。

7.2.3　相对分辨力R_{es}检定

根据定义，模拟式指示器的分辨力r为最小分度值的1/10、1/5；数字式指示器的分辨力取显示的末位数字的一个增量，按式(3-1)或式(3-2)计算相对分辨力R_{es}。

指示器以压力为单位时：

$$R_{es}=\frac{r}{p_N}\times 100\% \tag{3-1}$$

式中 p_N——千斤顶额定油压，MPa。

指示器以力为单位时：

$$R_{es}=\frac{r}{F_N}\times 100\% \tag{3-2}$$

式中 F_N——千斤顶额定力值，kN。

其结果应符合5的要求。

7.2.4 内泄漏 L_k 检定

将活塞伸出其有效行程的约2/3处，升压至额定油压，关闭截止阀和油泵，读取5 min内其油压最大下降值，按式(3-3)或式(3-4)计算内泄漏 L_k。

a)指示器以压力为单位时：

$$L_k=\frac{\Delta p}{p_{max}}\times 100\% \tag{3-3}$$

式中 p_{max}——千斤顶的最大压力值，MPa；

Δp——内泄漏油压下降的最大值，MPa。

b)指示器以力为单位时：

$$L_k=\frac{\Delta F}{F_{max}}\times 100\% \tag{3-4}$$

式中 F_{max}——千斤顶的最大力值，kN；

ΔF——内泄漏试验力下降的最大值，kN。

7.2.5 示值重复性、示值误差和负载效率检定

7.2.5.1 框架式检定：将千斤顶放置在检定框架底座中间，并调整其成工作状态，与测力仪串接，见图3-1。

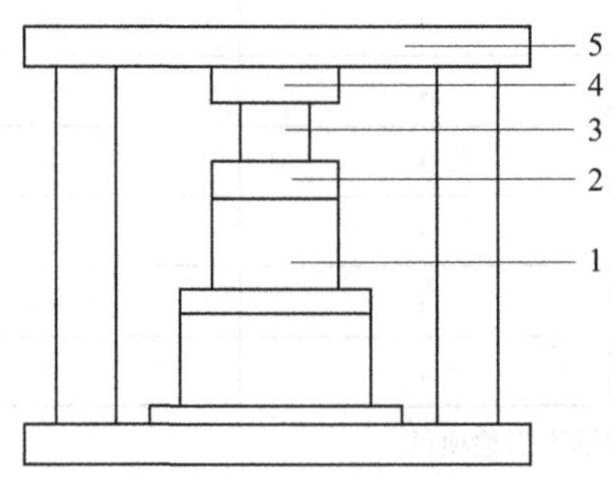

1—千斤顶；2—下垫块；3—标准测力仪；4—上垫块；5—框架。

图3-1 框架式检定示意图

7.2.5.2 串接式检定：用张拉杆将千斤顶与测力仪串接，调整三者使其处于同一轴线，见图3-2。

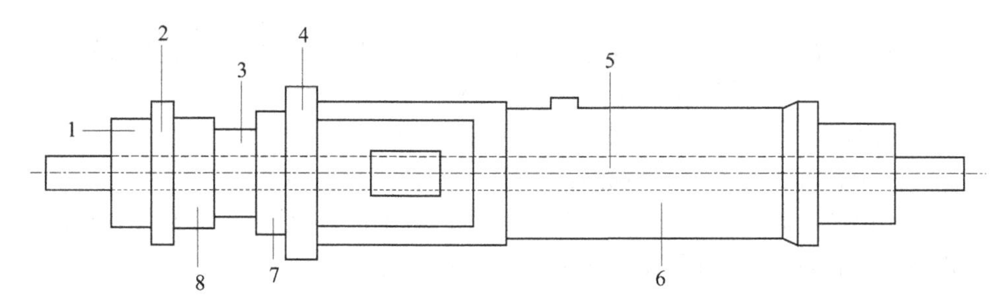

1—螺母;2—垫板;3—测力仪;4—支承横梁;5—张拉杆;6—穿心式千斤顶;7—下承压垫;8—上承压垫。

图3-2　张拉杆检定示意图

7.2.5.3　启动油泵,施加最大力值两次。

7.2.5.4　试验力施加应缓慢平稳,不得有冲击和超载。

7.2.5.5　检定点从千斤顶额定力值的20%开始,按递增顺序逐点进行检定,至各检定点保持稳定后记录相应的进程示值,直至最大力值。检定点应尽量均匀分布,一般不少于5点。

7.2.5.6　进行7.2.5.5步骤3次。

7.2.6　有关技术指标的计算方法,所得结果应符合5的要求。

7.2.6.1　千斤顶指示器显示压力值时:

a)以测力仪标准值为依据,在千斤顶指示器上读数,按照式(3-5)~式(3-7)分别计算重复性R、负载效率η和内插误差I。

$$R=\frac{p_{i\max}-p_{i\min}}{\bar{p}_i}\times100\% \tag{3-5}$$

$$\eta=\frac{F_i}{S\times\bar{p}_i}\times100\% \tag{3-6}$$

$$I_i=\frac{p_{ci}-\bar{p}_i}{\bar{p}_i}\times100\% \tag{3-7}$$

式中　$p_{i\max}$,$p_{i\min}$,$\bar{p}_i$——第i次测量时,千斤顶指示器3次重复测量的最大值、最小值与平均值,MPa;

F_i——第i次测量时,测力仪的标准力值,kN;

S——千斤顶活塞面积,m^2;

p_{ci}——由校准方程求出的与负荷相对应的示值拟合值,MPa。

b)以千斤顶指示器为依据,在测力仪上读数,按式(3-8)~式(3-10)分别计算重复性R、负载效率η和内插误差I。

$$R=\frac{F_{i\max}-F_{i\min}}{\bar{F}_i}\times100\% \tag{3-8}$$

$$\eta=\frac{\bar{F}_i}{S\times p_i}\times100\% \tag{3-9}$$

$$I_i=\frac{p_i-p_{ci}}{p_i}\times100\% \tag{3-10}$$

式中　$F_{i\max}, F_{i\min}, \overline{F}_i$——第 i 次测量时，对应于检定点 3 次重复测量测力仪上读数的最大值、最小值与平均值，kN；

p_i——检定点对应的千斤顶指示器压力示值，MPa；

p_{ci}——由校准方程求出的与负荷相对应的示值拟合值，MPa。

7.2.6.2　千斤顶指示器显示力值时，按式（3-11）或式（3-12）进行示值误差 δ 的计算。

a）以测力仪标准值为依据，在千斤顶指示器上读数时：

$$\delta = \frac{\overline{F}_i - F}{F} \times 100\% \tag{3-11}$$

式中　$\overline{F}_i$——第 i 次测量时，重复测量 3 次，千斤顶指示器示值的平均值，kN；

F——测力仪指示的力值，kN。

b）以千斤顶指示器为依据，在测力仪上读数时：

$$\delta = \frac{F_i - \overline{F}}{\overline{F}} \times 100\% \tag{3-12}$$

式中　$\overline{F}$——第 i 次测量时，重复测量 3 次，测力仪指示器上的读数，kN；

F_i——第 i 次测量时，千斤顶指示器的示值，kN。

7.2.7　当千斤顶指示器显示压力值时，根据需要给出其最小二乘法的 1 次或 2 次曲线方程。该方程是以力为自变量的力-压力校准方程。

8　检定结果处理与检定周期

（1）按照本规程的规定和要求，检定合格的千斤顶发给检定证书，检定不合格的千斤顶发给检定结果通知书，并注明不合格项目。

（2）检定周期一般不超过 6 个月。

第 2 节　《液压千斤顶》（JJG 621—2012）解读

1　修订背景

液压千斤顶被广泛应用于各行各业，尤其是在建筑施工和检测领域。随着基础建设规模不断扩大，国家对建筑质量的关注也日益加强，因此千斤顶的质量控制就显得越来越重要。这就要求液压千斤顶的检定规程要不断修订以适应日趋发展的要求。《液压千斤顶》（JJG 621—2012）（本章简称为新规程）是以《预应力用液压千斤顶》（JG/T 321—2011）、《油压千斤顶》（JB 2104—1991）为基础，对《液压千斤顶》（JJG 621—2005）（本章简称为旧规程）进行修订的。新规程于 2012 年 9 月 3 日由国家质量监督检验检疫总局发布，并自 2013 年 3 月 3 日起实施。

2　主要修订内容

新规程与旧规程相比，主要修订内容如下：

(1)根据《国家计量检定规程编写规则》(JJF 1002—2010)的要求，增加了引言部分，引言介绍了新规程的编制依据，阐述了新规程较之于旧规程的主要技术变化内容。

(2)根据JJF 1002—2010的要求，增加了引用文件内容，可方便读者查找相关术语、计量单位和专业词汇，便于规程学习人员加深对规程内容的理解。

(3)取消了“爬行”术语及解释。

在旧规程中，“爬行”定义为千斤顶活塞(或活塞杆)空载运行时，出现的断续式位移现象。作者通过大量文献查询和试验验证，认为“爬行”对于千斤顶检定结果影响甚微，故在新规程编写中取消了“爬行”术语及解释。

(4)取消了计量性能要求中对“启动油压”的要求。

旧规程的计量性能要求中规定：千斤顶启动油压应小于额定油压的4%。作者通过大量文献查询和试验验证，认为“启动油压”要求对于千斤顶检定结果影响甚微，故在新规程编写中取消了“启动油压”的要求。

(5)取消了计量性能要求中对“行程”的要求。

旧规程对千斤顶活塞行程及最大允许偏差做了相应规定。而检定/校准试验结果表明，千斤顶活塞的行程有稍许变化，对其主要技术指标(如示值重复性和示值误差等)通常无显著影响。因此，取消了计量性能要求中对“行程”的要求。

(6)细化了千斤顶指示器的指示类别。

根据千斤顶使用的实际情况，细化了千斤顶指示器的指示类别，分为“指示压力”和“指示力值”两种，并分别规定了千斤顶的准确度级别及各项技术指标。

(7)增加了千斤顶指示力值、示值误差的计量性能要求。

新规程中，增加了千斤顶指示力值、示值误差的计量性能要求，更便于实际应用。

(8)将千斤顶准确度级别分别规定为A级和B级。

旧规程中，千斤顶的示值重复性、内插误差、负载效率、相对分辨力等参数的要求根据千斤顶的用途不同而有所区别。千斤顶的用途只简单地分为结构工程和基桩工程两类，与实际应用不符。因此，新规程中将千斤顶准确度级别规定为A级和B级，不同级别千斤顶的示值重复性、内插误差、负载效率、相对分辨力等参数的要求不同，更便于实际应用。

(9)检定项目及检定方法也按千斤顶指示器分别显示压力值或力值时进行细化。

新规程中，检定项目及检定方法分别根据指示器显示压力值或力值进一步细化，更便于实际应用。

3　规程实施中需注意的问题

使用新规程需注意的主要问题如下：

(1)要注意新规程中第6条“通用技术要求”的规定，这是对千斤顶检定的前提要求。

新规程“通用技术要求”相比旧规程有所简化，更加简洁明了地介绍了千斤顶检定实验的前提通用技术要求。千斤顶检定前，一定要严格按照第6条“通用技术要求”的规定，逐项检查千斤顶及其指示器，全部符合要求才能进行下一步检定试验，这一点非常关键。

(2)应注意新规程中第7.1.3条的要求。

“a)测力仪的安装应保证其主轴线与千斤顶轴线相重合。b)测力仪与千斤顶的接触面平滑，不得有锈蚀、擦伤及杂物。”这是检定的基本要求，尤其是千斤顶在检定时的受力同轴要求，尽管没有提出具体的指标要求，但要尽可能目测准确。

(3)新规程中第7.2.1条的表3-3中，示值误差、负载效率、内插误差是分别针对以力值显示和以压力值显示的千斤顶检定项目，用户根据表中的注释可以查询检定项目的适用性，这一点在旧规程中没有涉及。

(4)新规程中第7.2.6条规定的内插误差的计算公式，检定以压力值显示的千斤顶时，一定要验算内插误差以方便使用。

(5)新规程中第7.2.7条中提到“当千斤顶指示器显示压力值时，根据需要给出其最小二乘法的1次或2次曲线方程。该方程是以力为自变量的力-压力校准方程。”该曲线方程是需要编写在检定证书中提供给用户的，这一点在旧规程中没有涉及。

第3节　关于《液压千斤顶》(JJG 621—2012)的疑问和建议

1　疑问和建议

根据JJG 621—2012中第6.2.1条的表述，模拟式指示器指的是压力表，第6.2.2条的“数字式指示器”指的是力值指示器，这样的表述不够严谨。目前，数字式压力表已普及应用，如果模拟式和数字式指示器分别定义为压力指示器和力指示器，显然是不合理的。因此，建议JJG 621—2012中第6.2.1条的b)条可修改为“压力指示器准确度级别应采用0.4级，测量上限为额定油压的130%~200%”或“准确度级别应采用0.4级，测量上限为额定压力或力值的130%~200%”。

JJG 621—2012中第6.2.2条的a)条可修改为“指示器相对分辨力应符合表3-1、表3-2的技术要求”；b)条可修改为“指示应正常稳定，数字显示清晰准确，并能及时跟踪显示所施加的压力或力值”(这与7.2.3相对分辨力R_{es}检定方法分类也相符)。

2　关于相对分辨力的疑问及建议

2.1　JJG 621—2012中相对分辨力相关内容

(1)JJG 621—2012的“计量性能要求”节在表3-1和表3-2中根据千斤顶的指示器示值(力值或压力值)不同，分别规定了千斤顶的准确度级别及技术指标，其中“相对分辨力”R_{es}均为0.2%FS，即千斤顶的指示器相对分辨力R_{es}应不大于0.2%FS。

(2)在JJG 621—2012的“模拟式指示器”中提出指示器准确度级别应采用0.4级，测量上限为额定油压的130%~200%。

(3)同时在JJG 621—2012的“相对分辨力R_{es}检定”中规定指示器以压力为单位时,相对分辨力为

$$R_{es}=\frac{r}{P_N}\times100\% \tag{3-13}$$

式中　P_N——千斤顶额定油压,MPa;

r——模拟式指示器的分辨力,其值为最小分度值的1/10、1/5;

R_{es}——相对分辨力。

2.2　**疑问及检定实例分析**

JJG 621—2012在“计量性能要求”中规定相对分辨力R_{es}的单位为“%FS”,而“7.2.3　相对分辨力R_{es}检定”的R_{es}单位为“%”,两者单位不一致,检定结果如何才能符合要求?

下文以基础工程的桩基静载检测试验用千斤顶的检定为实例,根据上述3点内容进行分析:

(1)一般桩基静载检测用液压千斤顶规格为300~5 000 kN,结合多个厂家产品参数,千斤顶对应规格的额定压力一般为40~60 MPa。

(2)以额定压力40 MPa为例选取精密压力表作为其指示器,压力表准确度等级按规程通用技术要求选取0.4级,量程为60 MPa(40 MPa额定压力对应要求压力表测量上限为52~80 MPa,按照压力表规格标准选取60 MPa),其最小分度值为0.5 MPa,根据实际操作发现目测很难读取0.05 MPa,因此r应以0.5 MPa的1/5取值为0.1 MPa。

按照式(3-14)计算:

$$R_{es}=\frac{0.5}{5\times40}\times100\%=0.25\% \tag{3-14}$$

得出的千斤顶指示器相对分辨力R_{es}检定值为0.25%,而规程中“5　计量性能要求”的千斤顶指示器的相对分辨力为0.2%FS,判定检定结果时仅按数值大小比较,0.25%>0.2%,显然不符合JJG 621—2012中5的要求,但是压力表本身却是符合第6.2条中千斤顶指示器的要求,单位不统一的情况下两者相互矛盾,不能判断检定结果。

第4节　压力表对液压千斤顶检定示值的影响解析

液压千斤顶是一种在桥梁、地铁、高架以及隧道建设中被广泛应用的仪器,其由千斤顶主体、油泵、油路及压力表组成。其中,压力表是关键性的指示计量器具,会对液压千斤顶的检定示值产生直接影响,具体表现在以下3个方面。

1　测量范围的影响

液压千斤顶上限压力的额定值是50~60 MPa,但在生产制造时,其配套压力表的测量范围却通常选在0~60 MPa区段,表明在正常使用千斤顶时,其工作压力将达压力表测量上限的90%~100%,如此势必会影响到千斤顶的测量精度。按照规定,待测压力应比

压力表测量上限的75%小或相等,即倘若压力表的测量范围是0~60 MPa,则其线性工作区域不大于45 MPa,而若液压千斤顶控制的压力大于45 MPa,则压力表的弹性敏感元件便在疲劳极限区,此时既易损坏压力表,又会影响测量精度。

JJG 52—2013规定,普通压力表的误差应为测量上限的90%~100%,且允许下降一级计算。比如,液压千斤顶检定用0~60 MPa、1.6级的普通压力表时,其允许误差是±0.96 MPa,且即使在54~60 MPa范围内的误差达±1.5 MPa,仍可判定合格,如此极易引起液压千斤顶的上限压力检定示值失准。

综上,在选择液压千斤顶的配套压力表时,建议其测量上限按千斤顶压力额定上限的140%~200%计算,且若压力表存在弹性后效的影响,则其测量上限按千斤顶压力额定上限的200%计算。换而言之,倘若液压千斤顶控制的压力是50~60 MPa,则压力表的测量上限最宜选为100 MPa。

2 准确度与分辨力的影响

通常而言,液压千斤顶配套的压力表是1.6级的普通压力表,但其定级标准是引用误差,则难以会产生不利影响。例如,液压千斤顶检定用0~100 MPa、1.6级的普通压力表时,只要任一检定点的检定示值误差不超过±1.6 MPa,便可判定合格。但从千斤顶的检测精度而言,±1.6 MPa的误差却会产生较大的影响。比如,在10 MPa检定点,压力表存在±1.6 MPa的误差,可使液压千斤顶产生16%的相对误差。同时,压力表的最小分辨力随等级的改变而不同。比如,对于0~100 MPa的压力表,倘若其等级是0.4级,则相对的最小分度值是0.5 MPa。如压力表的指针刀锋与表盘垂直,则可估读最小分度值的10%,即其最小分辨力是0.05 MPa。据此,对于1.6级的普通压力表,其最小分度值是2 MPa。如压力表的指针刀锋与表盘平行,则可估读最小分度值的20%,即其最小分辨力是0.4 MPa。综上,压力表的准确度等级、分辨力会对液压千斤顶检定示值产生较大影响。

3 配套检定设备的影响

倘若检定条件相同,则选择准确度等级不同的压力表会对液压千斤顶的测量精度产生影响。下文列举了不同等级的压力表,以探讨其对液压千斤顶检定示值的影响。表3-4是液压千斤顶与压力表的选型。

表3-4 液压千斤顶与压力表的选型

液压千斤顶	压力表	
	1	2
YCW250B	0~60 MPa、1.6级	0~60 MPa、0.4级

针对表3-4所示的压力表,依据《液压千斤顶》(JJG 621—2012),在室温30 ℃的条件下,用0.5级应变式标准测力仪对压力表进行配套检测。检测结果显示,2块压力表的检测结果都与其准确度等级相符。但若将准确度等级不同的压力表与同一台液压千斤顶配套,则其检测结果却存在较大差别,甚至不在允许范围内。

第5节 不确定度评定

在液压千斤顶的检定中,其测量结果不确定度主要来源于下列几个方面:一是应变式标准测力仪所致的标准不确定度分量 u_1;二是液压千斤顶在检定重复性时所致的标准不确定度分量 u_2;三是温度变化所致的不确定度分量 u_3;四是检定示值估读不准确所致的不确定度分量 u_4;五是数据修约所致的标准不确定度分量 u_5。倘若将不同的压力表与同一台液压千斤顶配套,则会影响到测量结果的不确定度(见表3-5)。

表3-5 压力表测量结果的不确定度

符号	不确定度来源	测量结果分布	标准不确定度分量/%	
			精密压力表	普通压力表
u_1	标准测力仪	正态	0.12	0.12
u_2	检定重复性	t	0.15	0.15
u_3	温度变化影响	均匀	0.69	0.69
u_4	估读不准确	均匀	0.19	1.33
u_5	数据修约	均匀	0.10	0.67

注:精密压力表的等级为0.4级、分辨力为0.05 MPa,测量范围为0~100 MPa;普通压力表的等级为1.6级、分辨力为0.2 MPa,测量范围为0~60 MPa。

精密压力表测量结果的合成标准不确定度 u_c 满足下式:

$$u_c=\sqrt{u_1^2+u_2^2+u_3^2+u_4^2+u_5^2} \tag{3-15}$$

结合表3-5可得,$u_c=0.74\%$,则扩展不确定度 $U=1.5\%$,$k=2$,判定其与规范要求相符。同理,普通压力表测量结果的合成标准不确定度 $u_c=1.65\%$,则其扩展不确定度 $U=3.3\%$,$k=2$,判定其与规范要求不符。据此,压力表的测量范围、准确度等级及分辨力等因素都会对液压千斤顶的检定结果产生直接影响,则在压力表配套选择时,按液压千斤顶油压额定值的140%~200%来计算压力表的测量上限,而其准确度等级选取0.4级。

第6节 液压千斤顶检定和校准的控制要点分析

1 检定和校准前的要素控制

1.1 对液压千斤顶工作系统的组成及操作适应性进行控制

(1)要求千斤顶、油泵、油管、指示器上应有铭牌,铭牌上应有产品名称、型号、规格、出厂编号、制造厂名称、生产许可证及相关技术参数等。

(2)千斤顶指示器的准确度等级应不低于0.4级,测量上限对模拟指示器为额定值的1.3~2.0倍,对数字式指示器应不低于额定值的1.1倍。经过具备资质的机构检定合格后方能使用。

(3)千斤顶油泵加卸力应平稳,不允许出现妨碍读数的压力波动、冲击和颤动现象。液压系统应工作正常,反应灵敏,油路无渗漏;液压油应清洁纯净。电气部分应灵敏可靠,绝缘良好,且接地安全。

1.2 对液压千斤顶系统计量性能进行控制

(1)启动油泵控制。将油泵、千斤顶、压力表、油管电源线连接,经检查无误后,启动油泵,使千斤顶空载往复运行3次。确认系统无泄漏,千斤顶无爬行、无跳动后,目测检查油压表在千斤顶活塞或活塞杆开始移动时的读数值,该值应小于额定油压的4%。

(2)千斤顶活塞行程控制。在千斤顶启动油压符合控制要求后,用钢直尺测量空载活塞最大行程。然后启动油泵,使千斤顶活塞上升至最大行程,关闭油泵,重复测量3次。每次测量值均应大于活塞标称行程上限值,且最大偏差值小于校准行程值的2%。

(3)内泄漏控制。将千斤顶放在足够强度且上、下工作面平行的框架内的中心位置,启动油泵使千斤顶活塞伸出行程标称值的2/3后,顶住上工作面,升压至额定油压值时,关闭截止阀,测量5 min内千斤顶工作油缸油压压降,应小于额定油压的5%。

2 对计量器具和环境条件进行控制

(1)检定和校准使用的主要标准器具如下:

①标准测力仪。准确度等级不低于0.5级,量程应满足要求。

②钢直尺。测量范围0~1 000 mm,分度值1.0 mm。

③秒表。分辨力不低于0.1 s。

(2)配套设备为立式稳固的门式框架或张力杆,其承力结构在最大负荷下无变形。框架的上、下工作面应平行,且保证标准测力仪的受力轴线与千斤顶的加力轴线相重合。标准测力仪与千斤顶的接触面应平滑,无锈蚀和杂物。

(3)检定和校准时,应把环境温度控制在5~35 ℃。

3 检定和校准值的控制

(1)操作过程控制。

①框架式检定和校准。将液压千斤顶工作系统安装调整成符合控制要求的工作状态,将千斤顶安放在框架工作台中间,把标准测力仪安放在千斤顶活塞上,使千斤顶、标准测力仪与框架上、下工作面对中并保证测力仪的受力轴线和千斤顶的加力轴线相重合。

②串接式检定和校准。使千斤顶和测力仪调整到工作状态并串接在张拉杆上,调整三者使其在同一轴线上。

③检定点和校准点的控制。检定点的选取应从千斤顶力值量程的20%至最大力值,在检定点分级无特殊要求时一般取5~8个点,且应均匀分布。校准点的选取应为实际工作所要求张拉力的多个力值点且不少于10个。

④启动油泵将千斤顶缓慢加荷到最大力值,预压两次。观察加荷过程中有无渗漏油

和指示器读数波动等异常现象，且指示器读数回零情况良好。

⑤启动油泵，驱动千斤顶缓慢加压，从初始点开始，按递增顺序平稳施加力，加到接近检定、校准点前应再放慢加荷速度，便于准确读数，直至施加到额定力值后再卸回到零点。按此操作步骤重复测量3次，记录逐点的示值数据。

(2)示值重复性控制。应为各点3次示值数据中的最大值减去最小值除以3次的平均值为准，各点的该值应不大于2%。

(3)负载效率控制。应为各点3次示值数据的平均力值除以对应各点千斤顶输出力的理论值(该理论值可由千斤顶活塞的有效面积与对应于各点的压强示值计算得出)，各点的该值应不小于0.93。

(4)内插误差控制。由校准方程求出各点与负荷相对应的示值直线拟合值，然后减去对应各点千斤顶指示器3次示值数据的平均值，其差值除以相对应各点千斤顶指示器3次示值数据的平均值即为内插误差，各点内插误差值应不大于2%。

(5)应据实测结果，计算出合适的校准方程并绘制出直线图进行核验。

4　检定和校准值反向验证控制

(1)检定和校准值的反向验证控制。在由校准方程求出的与负荷相对应的一列计算值中选取3个以上，以实际工作张拉力值范围内的值作为依据，再按前述检定操作程序，实测出相对应的数值与原依据值进行验证，二者的偏差应不超过±2%。

(2)在实际工作张拉力值范围内任意选取3个以上未检定和校准的点，由校准方程求出的与负荷相对应的一列计算值作为依据。再按检定操作程序，实测出相对应的数值与选取点的值进行验证，二者的偏差应不超过±2%。

(3)检定和校准值比对验证控制：在实际工作张拉力值范围内任意选取3个以上已检定和校准的值，然后在实验室相对应的0.5级或1级试验机上进行实测比对。以千斤顶指示器读数为依据，千斤顶主动加力，逐点记录试验机上示值读数与原检定和校准的示值读数，然后进行比对验证。二者偏差应不超过±2%。

5　检定和校准过程注意事项

(1)在启动油泵，驱动千斤顶加压过程中，要随时目测整个工作系统的变化情况，不得有渗漏油和各配套设备变形及附件出现异常声响的状况，一旦发现应立即关机、卸压，以防事故发生。

(2)在逐点示值的读取记录时，必须及时准确、实事求是。不得在升压超过检定和校准点后再减压退回重新升压到该点读数。

(3)框架不得有锈蚀和紧固件松动，底座要坚固可靠，地面基础不得有下沉和出现倾斜现象。

(4)检定和校准工作现场一定要有防风、挡雨措施，环境温度应控制在5~35 ℃以内。

液压式千斤顶检定及校验工作事关预应力结构工程质量和安全。要提高千斤顶检定及校验工作的准确性，应在严格执行《液压千斤顶》(JJG 621—2012)检定规程的基础上，认真分析检定校准工作中的关键环节。在实际工作过程中，应在预应力工程张拉设备配置及管理、检定标准器、检定环境、检定周期、检定过程控制以及检定校准值的反向验证等各方面做好细致周密的工作，完善千斤顶计量检定的质量体系和管理制度，从各个方面保证液压千斤顶检定和校准工作的及时性、准确性和可靠性，从而有效控制预应力结构工程质量，确保结构工程使用性能和安全性能。

第 4 章　多功能强度检测仪计量技术解析

当前国民经济发展迅速，国家基本建设建筑和交通等行业的发展尤为突出，而混凝土作为一种基本建设所需要的主要材料，其强度对工程质量的影响越来越重要，所以多功能强度检测仪的准确度的高低将直接影响工程质量的高低，因此对于多功能强度检测仪的计量检测要求也越来越高。多功能强度检测仪计量主要研究拉拔力大小对产品质量的影响，只有准确地测量拉拔力的变化，才能从设计、工艺等方面消除对产品质量的影响，从而达到减少因多功能强度检测仪的误差对产品质量、安全性能的影响。本章结合多年工作实践，从检定规程、检定规程解读及不确定度评定等方面进行阐述。

第 1 节　《多功能强度检测仪检定规程》[JJG(豫)264—2019]节选

1　范围

本规程适用于额定力值不大于 100 kN 的多功能强度检测仪(以下简称检测仪)的首次检定、后续检定和使用中检查。

2　引用文件

本规程引用了下列文件：

《后锚固法检测混凝土抗压强度技术规程》(JGJ/T 208—2010)

《拔出法检测混凝土强度技术规程》(CECS 69:2010)

凡是注日期的引用文件，仅注日期的版本适用于本规程。

3　术语

3.1　后锚固法

在已硬化混凝土中钻孔，并用高强胶黏剂植入锚固件，待胶黏剂固化后进行拔出试验，根据拔出力来推定混凝土强度的方法。

3.2　拔出法

通过拉拔安装在混凝土中的锚固件，测定极限拔出力，并根据预先建立的极限拔出力与混凝土抗压强度之间的相关关系推定混凝土抗压强度的检测方法。

4　概述

检测仪主要用于混凝土抗压强度为 10～80 MPa 的既有结构和在建结构的混凝土强度的检测和推定。

检测仪由数字测试显示系统、液压(或机械)加载系统构成,通过液压(或机械)加载系统对所测物体施加作用力,由指示系统直接或间接指示所施加的力值。

5　计量性能要求

5.1　示值误差

检测仪示值误差不超过±2%FS。

5.2　重复性

检测仪重复性不超过±2%FS。

5.3　行程

检测仪最大试验行程应不小于 6 mm。

6　通用技术要求

6.1　外观与附件

6.1.1　外观

检测仪应有铭牌。铭牌上应标明制造厂名、产品名称、规格型号、出厂编号。

6.1.2　指示器

指示器应正常稳定,显示清晰准确,能显示所施加的力值;分辨力应不大于 0.1 N。

6.2　加荷系统

6.2.1　检测仪加荷系统加卸力应平稳,无冲击现象。

6.2.2　检测仪加荷系统应正常工作,若为液压加载系统,其油路应无渗漏现象。

7　计量器具控制

7.1　检定条件

7.1.1　温度:5～35 ℃。

7.1.2　相对湿度:不大于 85%。

7.2　标准器具

7.2.1　标准测力仪:准确度等级不低于 0.5 级。

7.2.2　卡尺:分辨力优于 0.10 mm。

7.3　配套设备

配备承载力不小于检测仪额定力值 1.5 倍的反力框架。

7.4　加力条件

测力仪的安装应保证其受力轴线与加荷系统的加力轴线相重合。检测仪检定示意图如图4-1所示。

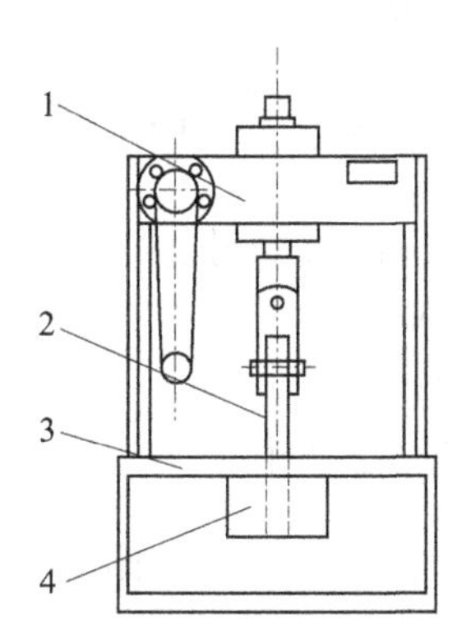

1—检测仪;2—张力杆;3—框架;4—测力仪。

图4-1　检测仪检定示意图

7.5　检定项目

检测仪检定项目见表4-1。

表4-1　检定项目

检定项目	首次检定	后续检定	使用中检查
外观与附件、加荷系统	+	+	+
行程	+	-	-
示值误差	+	+	+
重复性	+	+	+

注:表中"+"表示需检定项目,"-"表示不需检定项目。

7.6　检定方法

外观与附件、加荷系统的检查结果分别符合6.1、6.2要求后,进行其余项目检定。

7.6.1　外观与附件、加荷系统

通过操作和观测检查,结果应符合6.1、6.2要求。

7.6.2　量程

用卡尺测量检测仪最大试验行程,结果应符合5.3要求。

7.6.3　示值误差、重复性

7.6.3.1　将检测仪与标准测力仪置于反力框架内并串接,调整使其处于同一轴线。

7.6.3.2　将检测仪加荷至额定力值,预拉三次。试验力施加过程应平稳,不得有冲击和超载。

7.6.3.3　每次检定前将示值指示装置调至零点,从初始点开始,驱动检测仪加载系统主动加压,按负荷递增顺序逐点进行检定,观测标准测力仪显示示值,当达到检定点并稳定后,记录检测仪上的数据,直至额定力值。在检测仪测量范围内均匀选择检定点,一般不少于6点。

7.6.3.4　重复7.6.3.3三次。

7.6.3.5　示值误差按式(4-1)计算,应符合 5.1 要求。

$$\delta=\frac{\overline{F}_i-F_i}{F_N}\times 100\% \tag{4-1}$$

式中　$\overline{F}_i$——第 i 个检定点对应的 3 次重复测量检测仪读数的算术平均值,N;

F_N——检测仪的额定力值,N。

7.6.3.6　重复性与 7.6.3.5 同时进行检定。

重复性按式(4-2)计算,应符合 5.2 要求。

$$R=\frac{F_{i\max}-F_{i\min}}{F_N}\times 100\% \tag{4-2}$$

式中　$F_{i\max}$、$F_{i\min}$——检测仪 3 次示值中的最大值和最小值,N;

F_N——检测仪的额定力值,N。

8　检定结果的处理

经检定合格的检测仪发具检定证书;经检定不合格的检测仪发具检定结果通知书,并注明检定不合格项目和内容。

9　检定周期

检测仪检定周期一般不超过 1 年。

第 2 节　《多功能强度检测仪检定规程》[JJG(豫)264—2019]解读

当前国民经济发展迅速,国家基本建设中的建筑和交通等行业的发展尤为突出,而混凝土作为基本建设所需要的主要材料之一,其强度对工程质量的影响尤其重要;多功能强度检测仪是用来检测混凝土强度的,所以多功能强度检测仪的准确度的高低将直接影响工程质量的高低,因此对于多功能强度检测仪的计量检测要求也越来越高。《多功能强度检测仪检定规程》[JJG(豫)264—2019]更科学、合理、规范地统一了多功能强度检测仪的计量性能要求及相应的校验方法。

本规程为首次制定,为了便于执行规程的人员更快理解、掌握变化的内容和实际工作中需注意的事项,本节主要从标准规范性和规程执行中应注意的问题两个方面对规程做出解读和归纳。

1　标准规范性

《多功能强度检测仪检定规程》[JJG(豫)264—2019]以《通用计量术语与定义》(JJF 1001—2011)、《测量不确定度评定与表示》(JJF 1059.1—2012)、《国家计量检定规程编写规则》(JJF 1002—2010)为基础性系列规范进行制定,具体如下:

(1)主要参考《后锚固法检测混凝土抗压强度技术规程》(JGJ/T 208—2010)、《后装拔出法检测混凝土抗压强度技术规程》(CECS 69—94)编制而成,增加了多功能强度检测仪检定的严谨性和规范性,也统一了之前杂乱的名称。

(2)规范了仪器的检定范围:适用于额定力值不大于 100 kN 的多功能强度检测仪的首次检定、后续检定和使用中检查。

(3)根据多功能强度检测仪的工作原理,规范了适用于此规程检定的计量仪器。

2　规程执行中应注意的问题

2.1　术语与计量单位的选择

术语和计量单位的选择遵照《通用计量术语及定义》(JJF 1001—2011)选择使用。

2.2　计量特性确定原则

根据多功能强度检测仪在实际应用中的主要功能和性能指标,考虑其具体应用的要求,形成 JJG(豫)264—2019 确定的计量特性。

2.3　加力条件

测力仪的安装应保证其受力轴线与加荷系统的加力轴线相重合。

注:在进行示值误差和重复性检定时,有时需打开仪器的外壳,应注意不要损坏仪器而影响其正常运行。

第3节　多功能强度检测仪力值检定项目不确定度评定

在分析多功能强度检测仪检定项目与主要技术性能后,对多功能强度检测仪力值检定项目进行不确定度分析评定。多功能强度检测仪力值检定项目校准结果不确定度结果评定如下。

1　概述

依据《多功能强度检测仪检定规程》[JJG(豫)264—2019],在环境温度为 5~35 ℃、相对湿度≤85%条件下,采用 0.3 级标准测力仪对测量范围为 4~40 kN 的多功能强度检测仪力值参数进行检定,最大允许相对误差为±2.0%FS。

在规定条件下,使用检测仪对标准测力仪施加负荷至测量点,可得到与标准力值相对应的检测仪负荷示值。该过程进行 3 次,用 3 次示值的算术平均值减去标准力值,即得该测量点检测仪的示值误差。

2　测量模型

$$\Delta F=\overline{F}-F_{b} \tag{4-3}$$

式中　$\overline{F}$——检测仪 3 次示值的算术平均值,N;

F_{b}——标准测力仪的标准力值,N;

ΔF——检测仪的示值误差，N。

3　标准不确定度评定

3.1　输入量 $\overline{F}$ 的标准不确定度 $u(\overline{F})$

用标准测力仪检测 40 kN 多功能强度检测仪，选取 20 kN 作为测量点，在重复性条件下进行 3 次测量，结果如表 4-2 所示。

表 4-2　3 次测量结果

序号	1	2	3
检测测力仪示值/kN	20.1	19.9	20.2

由表 4-3 可得

$$\overline{F}=\frac{1}{3}\sum_{i=1}^{3}F_i\approx 20.07(\mathrm{kN}) \tag{4-4}$$

单次试验标准偏差：

$$s=\frac{x_{\max}-x_{\min}}{c_n}=0.178(\mathrm{kN}) \tag{4-5}$$

实际测量中是在重复性条件下测量 3 次，取 3 次算术平均值为测量结果，则

$$u(\overline{F})=\frac{s}{\sqrt{3}}=0.102(\mathrm{kN})$$

3.2　输入量 F_b 的标准不确定度 $u(F_b)$ 的评定

根据标准测力仪检定证书评定，则

$$u(F_b)=\frac{a}{k}=\frac{0.3\%\times 20}{\sqrt{3}}=0.035(\mathrm{kN}) \tag{4-6}$$

4　合成标准不确定度的评定

4.1　灵敏系数

由数学模型 $\Delta F=\overline{F}-F_b$ 得

$$c_1=\frac{\partial \Delta F}{\partial \overline{F}}=1 \tag{4-7}$$

$$c_2=\frac{\partial \Delta F}{\partial F_b}=-1 \tag{4-8}$$

4.2　标准不确定度汇总

标准不确定度汇总见表 4-3。

表 4-3　标准不确定度汇总

标准不确定度分量	不确定度来源	标准不确定度分量/kN	c_i	$\|c_i\| u(x_i)$/kN
$u(F_b)$	标准测力仪的准确度	0.035	-1	0.035
$u(\bar{F})$	检测仪的测量重复性及示值分辨率	0.102	1	0.102

4.3　合成标准不确定度的计算

$$u_c(\Delta F)=\sqrt{[c_1u(\bar{F})]^2+[c_2u(F_b)]^2}=\sqrt{(-0.035)^2+(0.102)^2}\approx0.108\ (\text{kN})\quad(4\text{-}9)$$

5　扩展不确定度的评定

取包含因子 $k=2$,则扩展不确定度 $U=0.22$ kN。

6　测量结果不确定度的报告与表示

检测测力仪在 20 kN 测量点,其示值误差扩展不确定度 $U=0.22$ kN,它是合成标准不确定度 $u_c=0.108$ kN 与包含因子 $k=2$ 的乘积。

7　对检测仪示值误差的测量不确定度评估

根据 JJG(豫)264—2019,该 40 kN 检测仪应校准 10%、20%、40%、50%、60%、80%、100%共 7 个点进行检定,按照上述评定方法,检测仪示值误差不确定度评定如表 4-4 所示。

表 4-4　示值误差不确定度评定　单位:kN

校准点	标准不确定度分量		u_c	U ($k=2$)
	$u(F_b)$	$u(\bar{F})$		
4	0.035	0.068	0.076	0.16
8	0.035	0.102	0.108	0.22
16	0.035	0.137	0.141	0.22
20	0.035	0.102	0.108	0.28
24	0.035	0.102	0.108	0.22
32	0.035	0.068	0.076	0.16
40	0.035	0.034	0.049	0.10

多功能强度检测仪的最大允许误差为 2.0%FS,即为 0.8 kN,根据表 4-5 不确定度评定结果,示值误差的检定结果测量不确定度最大为 0.28 kN,小于检测仪的最大允许误差的 1/3,符合检定要求。

8　多功能强度检测仪检定说明和标定小结

目前,常规使用的结构按照加载方向大致分为压向和拉向两大类。按照受力元件分为油压传感器和力值拉压传感器两类,如图 4-2 所示。

拉向一般采用拉向传感器进行检定,检定安装示意如图 4-3 所示。

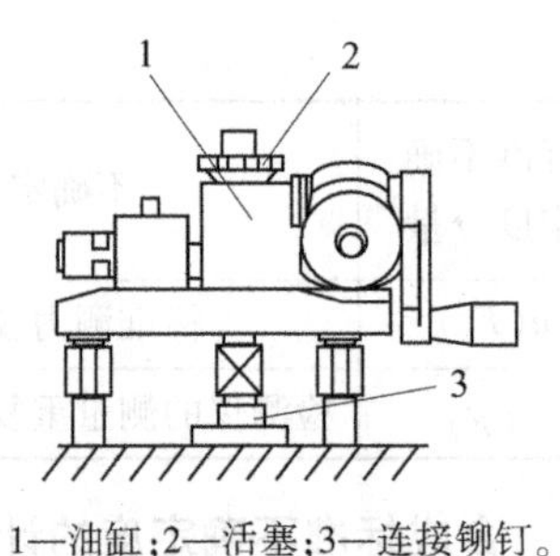

1—油缸;2—活塞;3—连接铆钉。

图 4-2　检定安装示意

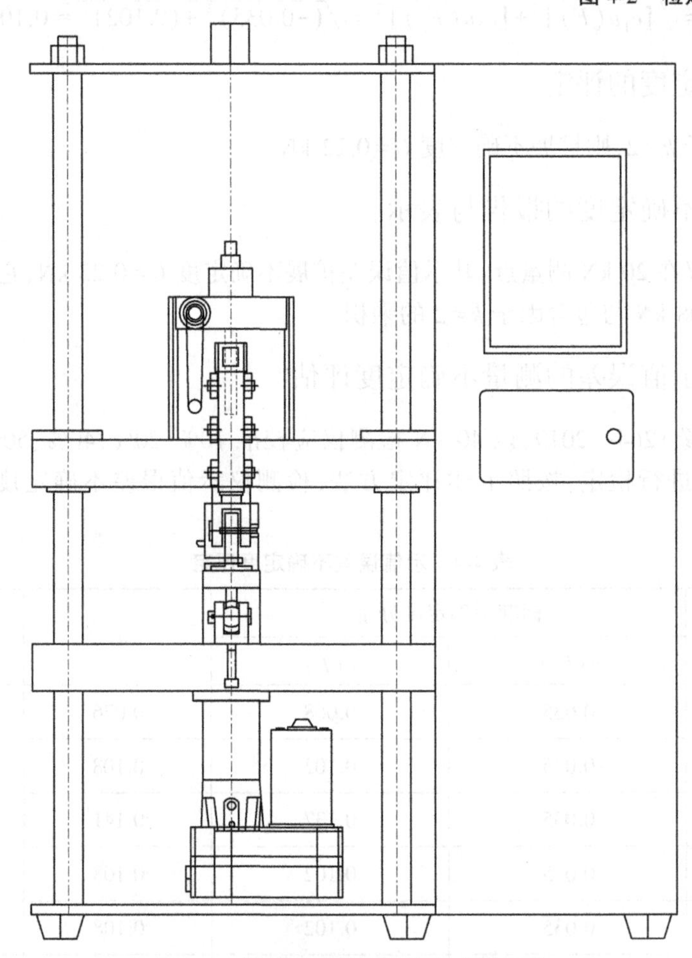

图 4-3　黏结强度检测仪检定安装示意

检定时先将活塞下降至最小行程处,左右挪动多功能强度检测仪至与标准器轴心线重合;再调整测试平台至适宜高度,将多功能强度检测仪与标准传感器对中好,进入检定测试状态。在此选用工作中常见的几种设备进行阐述并说明其具体的标定过程以及应注意的事项。

(1)按照相应程序进行操作,加载到指定负荷时采集信号即可完成标定。

①SW-40 多功能强度检测仪:将“password/01230”调整为“00888”后按“设置”键确

认仪表将进入校准程序,此时仪表出现“AdtlA”提示符,显示窗显示一数据,此时仪表要求输入量程显示对应的力值,输入后等显示数据稳定,按“设置”键确认,此时仪表出现“AdtHA”提示符,表示要求输入量程上限压力值,输入后等显示数据稳定,按“设置”键确认,仪表轮回显示仪表校准值后自动退出校准状态进入测量状态,完成标定。

②ZQS6-2000 型饰面砖黏结强度检测仪:打开仪表后盖上的橡皮塞,用小螺丝刀轻按里面的一个轻触开关(此时按峰值键为位移键,清零键为数字上翻键)仪表将进入标定功能。此时仪表显示“0000”,可以根据设备的最高量程输入仪表,例如:峰值键和清零键的组合使用输入“6 000”,即设置最高量程为 6 000 N,按确认键进行确认;此时仪表显示“0000”,即零点标定,确认无负荷加载时,按确认键确认,完成零点标定,仪表自动进入第一标定点 1 200(满量程的 20%),加至标准负荷, 按确认键进行确认;依次按满量程的 20%(1 200 N)、40%(2 400 N)、60%(3 600 N)、80%(4 800 N)、100%(6 000 N)自动分段标定, 以此类推完成标定。

(2)按照比例线性关系,采集新的电信号或系数,可以是多点,也可以是单点。通常可按照如下比例关系(例如海创高科等生产的设备)重新进行标定:

$$\frac{\text{旧系数}}{\text{新系数}}=\frac{\text{旧灵敏度}}{\text{新灵敏度}}=\frac{\text{旧比率输出}}{\text{新比率输出}}=\frac{\text{实测值}}{\text{标准值}} \tag{4-10}$$

但有时信号是反比例输出:

$$\frac{\text{旧系数}}{\text{新系数}}=\frac{\text{新灵敏度}}{\text{旧灵敏度}}=\frac{\text{新比率输出}}{\text{旧比率输出}}=\frac{\text{标准值}}{\text{实测值}} \tag{4-11}$$

以 HC-2000A 型黏结强度检测仪为例:

①零点调校,通过零点修正参数进行校正。逆时针摇动手柄,直到转不动。用力向下按压主机活塞使其复位。待显示器竖直稳定后记录下显示数值,如果显示数值不为零,可以修改零点修正参数值。

$$\text{零点修正参数值}=\text{此时的显示值}$$

②满度调校,通过满度修正参数进行校正。轻摇主机手柄,使活塞慢慢升起,当置于活塞上的标准传感器将要接触到测试台时,按清零键将显示数值清零,加压到选定的力值,记录下显示数值。

$$\text{满度修正参数值}=\text{标准力值}/\text{显示数值}$$

若是在现场检校验, 可以找一可靠加载附件进行, 一般可以借用路强仪的机架作为反力架, 前提在手动状态下进行。在这种条件下标定应注意加载到标定点时应尽量保持力值稳定, 否则易造成力值线性不好或标不过来。标定点的选择根据实际情况进行即可。

注:饰面砖黏结强度检测仪在检校验或标定过程中的加载可以是拉向的, 也可以是压向的。加载从实现的难易程度和力源的加载稳定性考虑, 一般优先选用压向检校验法。

该规程按照国家规范编写,对一些规范性和技术性能指标做了具体的要求,不仅提高了规程的严谨性和规范性,而且计量性能也更符合实际需求,便于检定人员的使用。该规程的实施,可以使多功能强度检测仪的检定更加完善、科学、合理, 并使全国这类仪器的检定方法统一,保证更加规范、有效地进行量值溯源。

第5章 界面张力仪计量技术解析

液体具有内聚性和吸附性,这两者都是分子引力的表现形式。内聚性使液体能抵抗拉伸应力,而吸附性则使液体可以黏附在其他物体上面。在液体和气体的分界处,即液体表面及两种不能混合的液体之间的界面处,由于分子之间的吸引力,产生了极其微小的拉力。假想在表面处存在一个薄膜层,它承受着此表面的拉伸力,液体的这一拉力称为表面张力。由于表面张力仅在液体自由表面或两种不能混合的液体之间的界面处存在,一般用表面张力系数来衡量其大小,单位为 N/m。各种液体的表面张力涵盖范围很广,其数值随温度的增大而略有降低。下文从界面张力仪的校准规范及校准规范解析等方面进行详细叙述。

第1节 《界面张力仪校准规范》(JJF 1464—2014)节选

1 范围

本规范适用于采用铂金环法或铂金板法测量的界面张力仪(以下简称张力仪)的校准。

2 引用文件

本规范引用了下列文件:

《表面活性剂 用拉起液膜法测定表面张力》(GB/T 5549—2010)
《石油产品油对水界面张力测定法(圆环法)》(GB/T 6541—1986)
《数值修约规则与极限数值的表示和判定》(GB/T 8170—2008)
《天然胶乳 环法测定表面张力》(GB/T 18396—2008)
《表面活性剂 表面张力的测定》(GB/T 22237—2008)
《合成橡胶胶乳 表面张力的测定》(SH/T 1156—2014)
《表面及界面张力测定方法》(SY/T 5370—1999)
《界面张力仪技术条件》(JB/T 9388—2002)

3 术语及计量单位

3.1 **界面** interface

通常指两相接触的约几个分子厚度的过渡区,如其中一相为气体,这种界面通常称为表面。

3.2 **界面张力** interfacial tension

沿着不相溶的两相(液-固、液-液、液-气)间界面垂直作用在单位长度液体表面上的表面收缩力。单位为 mN/m。

4　概述

4.1　结构

张力仪由张力测量装置、试验台、可控移动装置及铂金环、镫形环或铂金板组成，按结构又可分为机械式张力仪和电子式张力仪两种类型。

4.2　原理

界面张力可采用铂金环法或铂金板法两种方法之一进行测量。

4.2.1　铂金环法

又称 du Nouy 环法、吊环法、脱环法。其测量方法为：将连接铂金环（或镫形环）的张力测量装置置零后轻轻地浸入液体内，然后慢慢向上提升铂金环（或镫形环），使液面相对而言下降并最终与铂金环（或镫形环）分离，该过程测（或计算）得的最高值即为表面张力值。

4.2.2　铂金板法

又称 Wilhelmy 板法。其测量方法为：铂金板浸入到被测液体后，液体的表面张力会将铂金板尽量地往下拉。当液体表面张力与其他力达到均衡时，与铂金板连接的张力测量装置测（或计算）得的最高平衡值即为表面张力值。

4.3　用途

张力仪一般用于测量液-液界面张力或液-气表面张力。

5　计量特性

5.1　张力

张力仪技术指标见表 5-1。

表 5-1　张力仪技术指标

张力仪类型	示值相对误差/%	示值相对分辨力/%	回零误差/%FS	零点漂移/(mN/m)
机械式	±1.0	±0.5	±0.5	—
电子式	±0.5	±0.25	±0.1	0.2(15 min)

5.2　计算常数

计算常数技术指标见表 5-2。

表 5-2　计算常数及其技术指标

序号	名称	$U_{rel}(k=2)$
1	铂金环计算常数	0.2%
2	镫形环计算常数	0.2%
3	铂金板计算常数	0.2%

注：优先采用具备相应资质技术机构给出扩展不确定度的计算常数。

注：表 5-1、表 5-2 指标不适用于合格性判别，仅供参考。

6 校准条件

6.1 环境条件

6.1.1 室温(20±10)℃,校准过程中温度变化不超过 2 ℃。

6.1.2 相对湿度不大于 80%。

6.1.3 周围无影响校准结果的振动、冲击、电磁场及其他干扰源。

6.2 测量标准及其他设备

校准用测量标准及其他设备见表 5-3。

表 5-3 校准用测量标准

序号	标准器名称	技术要求
1	专用砝码(或相同允差的质量砝码)	±0.1%
2	非接触式几何量测量标准装置	±0.002 mm
3	游标卡尺	±0.02 mm

7 校准项目和校准方法

张力仪的校准应在 6.1 规定的条件下进行,相关数据和信息记录在张力仪校准结果原始记录表上。

7.1 张力的校准

7.1.1 示值相对误差

(1)张力仪的测量下限不大于 5%测量上限。在测量范围内校准不少于 5 点,各点大致均匀分布。

(2)将张力测量装置清零后进行张力值的校准。

(3)按力值递增方向逐点施加专用砝码(或相同允差的质量砝码),记录张力仪示值,该过程重复进行 3 次,以各校准点 3 次测量数据的算术平均值作为校准结果。

(4)示值相对误差 q 按式(5-1)计算:

$$q=\frac{\overline{F}-F}{F}\times 100\% \tag{5-1}$$

式中 $\overline{F}$——对应同一校准点,3 次测量张力数据 F_i 的算术平均值,mN/m;

F——根据砝码作用计算的理论张力值,mN/m。

(5)理论张力值 F 依据不同标准器分别按式(5-2)或式(5-3)计算。

采用质量砝码时:

$$F=\frac{m\times g}{2\times S_i} \tag{5-2}$$

采用专用砝码时:

$$F=\frac{F'}{2\times S_i} \tag{5-3}$$

式中　m——砝码质量,g;

g——校准地点重力加速度,m/s^2;

S_i——对应铂金环(或镫形环、铂金板)的计算常数(铂金环 S_1,镫形环 S_2,铂金板 S_3);

F'——专用砝码产生的重力,mN。

7.1.2　示值相对分辨力

(1)目测检验测量装置的分辨力 r,模拟式测量装置的分辨力依据指针指示部分宽度与标尺或度盘两相邻刻线间距的比来确定,一般为分度值的1/2、1/5或1/10。当相邻刻线间距不小于2.5 mm时,可估读1/10的估计值。

(2)数显式测量装置的分辨力 r 在零张力条件下观察,分辨力为能有效辨别的显示示值间的最小差值。

(3)示值相对分辨力 α 按式(5-4)计算:

$$\alpha=\frac{r}{F_r}\times 100\% \tag{5-4}$$

式中　r——示值分辨力,mN/m;

F_r——张力测量下限值,mN/m。

7.1.3　回零误差

(1)开机预热不超过30 min后,将张力仪调零,施加专用砝码(或相同允差的质量砝码)至测量上限后卸除,约10 s后读取零点示值。该过程连续进行3次,以最大值计算回零误差。

(2)回零误差 f_0。按式(5-5)计算:

$$f_0=\frac{F_0}{F_r}\times 100\% \tag{5-5}$$

式中　F_0——卸除试验力后3次张力仪指示的最大残余示值,mN/m;

F_r——张力测量下限值,mN/m。

7.1.4　零点漂移 z_0

数显式张力仪预热30 min后调整零点,约15 min后观察零点示值作为校准结果 z_0。

7.2　计算常数的校准

采用非接触式几何量测量标准装置和通用量具测量铂金环、镫形环或铂金板的几何参量,分别进行计算。

7.2.1　铂金环计算常数

(1)在3个不同方向测量铂金环的外圆直径,取算术平均值作为外圆直径 d_0 的校准结果。

(2)在3个不同位置测量铂金丝的直径,取算术平均值作为铂金丝直径 d_1 的校准结果。

(3)铂金环计算常数 S_1 按式(5-6)计算:

$$S_1=\pi(d_0-d_1) \tag{5-6}$$

式中　d_0——铂金环外圆直径,mm;

d_1——铂金丝直径,mm。

7.2.2　镫形环计算常数

（1）测量 3 次铂金丝的长度，取算术平均值作为铂金丝长度 l_2 的校准结果。

（2）在铂金丝有效长度范围内均匀分 3 个点测量直径，取算术平均值作为铂金丝直径 d_2 的校准结果。

（3）镫形环计算常数 S_2 按式（5-7）计算：

$$S_2 = l_2 + d_2 \tag{5-7}$$

式中　l_2——铂金丝长度，mm；

d_2——铂金丝直径，mm。

7.2.3　铂金板计算常数

（1）沿铂金板底面长度方向的 3 个位置测量铂金板的底面宽度，取算术平均值作为底面宽度 t 的校准结果。

（2）测量白金板底面长度 3 次，取算术平均值作为底面长度 l_3 的校准结果。

（3）铂金板计算常数 S_3 按式（5-8）计算：

$$S_3 = t + l_3 \tag{5-8}$$

式中　t——铂金板底面宽度，mm；

l_3——铂金板底面长度，mm。

8　校准结果

8.1　校准数据处理

校准数据按 GB/T 8170—2008 规定计算，张力仪校准结果的测量不确定度按 JJF 1059.1 评定。

8.2　校准证书

校准证书中应包括的信息依据 JJF 1071—2010 中 5.12 规定给出。

9　复校时间间隔

建议复校时间间隔为 1 年。

由于复校时间间隔的长短是由仪器的使用情况、使用者、仪器本身的质量等诸因素所决定的，因此，送校单位可根据实际使用情况自行确定复校时间间隔。

第 2 节　《界面张力仪校准规范》（JJF 1464—2014）解读

1　编写背景

近十几年来，由于我国经济建设的迅速发展，新工艺、新技术、新产品不断涌现，大大地促进了科学技术的研究，许多应用环境对界面张力值的测定提出新要求。《界面张力仪校准规范》（JJF 1464—2014）在新经济发展形势下，完全适应各行各业的市场需要，用于测定界面张力值。

2 主要内容解析

对《界面张力仪校准规范》(JJF 1464—2014)的适用范围、计量性能、环境条件、校准用设备、校准项目、校准要求和校准周期等几个方面进行解读。让读者对该校准规范能够更深入理解。

2.1 关于规程的范围内容

关于范围的描述是:“本规程适用于铂金环法或铂金板法测量的界面张力仪的校准”。界面张力的定义:“沿着不相溶的两相(液-固、液-液、液-气)间界面垂直作用在单位长度液体表面上的表面收缩力,单位:mN/m”。

界面张力仪通常由张力测量装置、实验台、可控移动装置及铂金环或铂金板组成,并可分为机械式界面张力仪和电子式界面张力仪两种类型。

2.2 关于引用文件

《界面张力仪校准规范》(JJF 1464—2014)为首次发布,具体参考标准,详见规范。

2.3 关于计量特性

(1)该规范分别对机械式界面张力仪和电子式界面张力仪的计量特性进行明确规定。

(2)示值相对误差与相关技术指标的表达科学、简明。

(3)机械式界面张力仪示值相对误差:±1.0%,示值相对分辨力:±0.5%,回零误差:±0.5%FS。

(4)电子式界面张力仪示值相对误差:±0.5%,示值相对分辨力:±0.25%,回零误差:±0.1%FS。

2.4 关于环境条件

(1)校准过程中环境温度变化不超过 2 ℃,室温(20±10)℃。

(2)校准时界面张力仪在实验室内放置不少于 8 h,从而保证设备与室温接近。

(3)检定时周围无噪声、振动以及其他干扰源等。

2.5 关于计量器具控制

(1)环境条件。

该规范规定校准时环境温度为(20±10)℃,校准过程中温度变化不超出 2 ℃;相对湿度不大于 80%。

(2)校准用设备。

专用砝码(或相同允差的质量砝码);非接触式几何量测量装置;游标卡尺。

(3)张力校准。

测量下限不大于 5%测量上限,并在测量范围内不少于 5 点,并在量程范围内均匀选取。在校准过程中按张力值递增的方向逐点施加专用砝码或质量砝码。重复 3 次测量。张力值示值相对误差计算方法详见式(5-1)~式(5-3)。

(4)规定了零点漂移、示值分辨力和回零误差的校准项目。

(5)规定了对计算常数的校准方法(校准规范中)的要求。

3　校准方法

该规范对界面张力仪的张力值校准方法上的规定如下：

(1)在整个测量范围内校准不少于5点，各点大致均匀分布，并重复3次测量。

(2)为了避免校准过程中出现操作误差，按张力值递增的方向逐点施加专用砝码或质量砝码。

4　关于校准周期

该规范明确了复校时间间隔为1年。

5　界面张力仪不确定度评定

5.1　概述

5.1.1　校准依据

《界面张力仪校准规范》(JJF 1464—2014)。

5.1.2　环境条件

室温(20±5)℃。

5.1.3　标准计量器具

专用砝码：±0.1%；非接触式几何量测量标准装置：±0.002 mm；通用量具：±0.02 mm。

5.1.4　被测对象

界面张力仪(铂金环法)；界面张力仪(铂金板法)等。

5.1.5　测量过程

在规定环境条件下，用专用砝码直接测量张力仪张力，每个校准点重复进行3次，以3次测量值 F_i 的算术平均值作为张力的校准结果 $\overline{F}$；用非接触式几何量测量标准装置和通用量具检测铂金环外径、丝直径；镫形环丝长、丝直径及铂金板底面长、宽等几何参量。据此计算校准结果 $\overline{F}$ 和理论张力 F 的示值误差。

5.1.6　评定结果的使用

符合上述条件的张力仪，一般可直接使用本方法导出的公式计算校准结果的扩展不确定度。

5.2　测量模型

5.2.1　张力仪示值误差 q'

张力仪示值误差按式(5-9)计算：

$$q' = \overline{F} - F \tag{5-9}$$

式中　$\overline{F}$——对应同一校准点，3次测量张力数据 F_i 的算术平均值，mN/m；

F——根据专用砝码作用计算的理论张力值，mN/m。

其中，张力仪的理论张力 F 按式(5-10)计算：

$$F = \frac{m \times g}{2 \times S_i} = \frac{F'}{2 \times S_i} \tag{5-10}$$

式中　m——专用砝码质量，g；

g——校准地点重力加速度，m/s^2；

F'——专用砝码重力，mN；

S_i——对应铂金环（或镫形环、铂金板）的计算常数（铂金环 S_1，镫形环 S_2，铂金板 S_3），由制造商提供。

5.2.2　灵敏系数

$$c_1=\frac{\partial q'}{\partial \overline{F}}=1 \tag{5-11}$$

$$c_2=\frac{\partial q'}{\partial F}=-1 \tag{5-12}$$

5.3　不确定度来源分析

不确定度来源见表 5-4。

表 5-4　不同计算常数对应的不确定度来源

$\overline{F}$	ΔF	被校张力仪 3 次示值的极差
	r	张力示值分辨力
F	$U(F)$	理论张力值的扩展不确定度

5.4　标准不确定度评定

输入量的标准不确定度评定结果见表 5-5。

表 5-5　输入量的标准不确定度评定结果

输入量		类型	半宽 a	分布	包含因子 k	标准不确定度 u_i
$\overline{F}$	ΔF	A	$\Delta F/C$	均匀	$\sqrt{3}$	$\Delta F/(C\sqrt{3})$
	r	B	$r/2$	均匀	$\sqrt{3}$	$r/(2\sqrt{3})$
F	$U(F)$	B	$U(F)$	均匀	2	$U(F)/2$

注：1.检验次数 $n=3$ 时，极差系数 $C=1.69$。

2.计算输入量 $\overline{F}$ 的标准不确定度分量 $u(\overline{F})$ 时，为避免重复，仅取 $\Delta F/(1.69\sqrt{3})$ 和 $r/(2\sqrt{3})$ 较大值一项计算。

5.5　合成标准不确定度

$$u_c=\sqrt{c_1^2u^2(\overline{F})+c_2^2u^2(F)} \tag{5-13}$$

将灵敏系数 $c_1^2=c_2^2=1$ 代入式（5-13），又因理论张力值的扩展不确定度控制在张力仪允差绝对值的 $0.5\%F/3$ 以下，故可忽略其对校准结果的影响，得

$$u_c=\sqrt{\left[\left(\frac{\Delta F}{C\sqrt{n}}\right)^2,\left(\frac{r}{2\sqrt{n}}\right)^2\right]_{\max}} \tag{5-14}$$

将检验次数 $n=3$、极差系数 $C=1.69$ 代入式（5-14），得合成标准不确定度计算公式：

$$u_c=\sqrt{\left[\left(\frac{\Delta F}{C\sqrt{n}}\right)^2,\left(\frac{r}{2\sqrt{n}}\right)^2\right]_{\max}}=\sqrt{[(0.341\,6\Delta F)^2,(0.288\,7r)^2]_{\max}} \tag{5-15}$$

5.6 扩张不确定度的评定

5.6.1 扩展不确定度

$$U = ku_c \quad (k=2) \tag{5-16}$$

5.6.2 相对扩展不确定度

$$U_r = \frac{ku_c}{F} \times 100\% \quad (k=2) \tag{5-17}$$

5.7 不确定度评定实例

对一台数显式张力仪的张力测量装置进行校准,得相关结果(见表5-6)。

表5-6 张力仪校准数据及标准器技术参数

校准点	示值/(mN/m)			平均值/(mN/m)	$u_c=u(\Delta F)$/(mN/m)	$U(k=2)$/(mN/m)	$U_r(k=2)$/%
	1	2	3				
40	40.04	40.03	40.04	40.04	0.003 4	0.006 8	0.02
80	80.04	80.05	80.03	80.04	0.006 8	0.014	0.02
120	120.1	120.2	120.3	120.07	0.068	0.14	0.12
160	160.2	160.3	160.1	160.11	0.068	0.14	0.09
200	200.4	200.2	200.3	200.13	0.068	0.14	0.07

第 6 章　基桩动态测量仪计量技术解析

基桩动态测量仪是测量冲击振动的工程专用动态振动测量设备，是一套综合性、多参数、多通道的动态波形记录分析测量装置。传统的校准方法针对基桩的测量系统，由人工在基桩动测仪上读出所采集到的信号。本章从检定规程、工作原理、校准方法设计及不确定度分析等方面进行阐述。

第 1 节　《基桩动态测量仪》(JJG 930—2021)节选

1　范围

本规程适用于基桩动态测量仪的首次检定、后续检定和使用中检查。

2　引用文件

本规程引用了下列文件：
《测振仪》(JJG 676)
《通用计量术语及定义》(JJF 1001—2011)
《振动　冲击　转速计量术语及定义》(JJF 1156—2006)
《振动与冲击传感器的校准方法　第 1 部分：基本概念》(GB/T 20485.1—2008)
《基桩动测仪》(JG/T 518—2017)

凡是注日期的引用文件，仅注日期的版本适用于本规程；凡是不注日期的引用文件，其最新版本(包括所有的修改单)适用于本规程。

3　概述

基桩动态测量仪(以下简称动测仪)是采用低应变或高应变基桩检测方法，在动力载荷作用下测得振动量并加以分析，对工程基桩的竖向抗压承载力和桩身完整性进行检测的仪器。动测仪测量系统可根据被测物理量的不同，分为加速度、应变和冲击力三种子系统。

4　计量性能要求

4.1　动测仪加速度测量系统

4.1.1　加速度测量系统的参考灵敏度

系统参考灵敏度相对扩展不确定度 $U_{rel}(k=2)$ 应优于 3.0%。

4.1.2　加速度测量系统的幅频响应特性

在频率为 2~5 000 Hz 范围内，动测仪的加速度测量系统灵敏度较参考点变化±10%的频率范围。

4.1.3　加速度测量系统的幅值线性误差

加速度测量系统的幅值线性误差应优于±5%。

4.2　动测仪应变测量系统

4.2.1　应变传感器的幅值线性误差

应变传感器的幅值线性误差应优于±0.5%FS。

4.2.2　应变测量系统的幅频响应特性

动测仪的应变测量系统灵敏度较参考点变化±10%的幅频响应范围上限。

4.2.3　应变测量系统的幅值线性误差

应变测量系统的幅值线性误差应优于±5%。

4.3　动测仪冲击力测量系统

冲击力测量系统的幅值线性误差应优于±5%。

4.4　动测仪的时间示值误差

时间示值误差应优于±1%。

4.5　动测仪的频率示值误差

频率示值误差应优于±1%。

4.6　动测仪的系统噪声电压

系统噪声电压有效值应不超过 5 mV。

4.7　动测仪的动态范围

动测仪的动态范围应不小于 66 dB。

4.8　动测仪的通道一致性误差

任意两通道间的通道一致性误差应符合表 6-1 的要求。

表 6-1　任意两通道间的通道一致性误差

幅值/dB	±0.2
延时/ms	≤0.05

5　通用技术要求

5.1　外观

动测仪应标有清晰的名称、型号、出厂编号和制造厂。动测仪不应有影响性能的机械损伤，其结构与控制器件应完整；传感器的安装面应光滑平整，安装螺孔与螺栓应完好无损。

5.2　其他技术要求

动测仪的开关、按键、旋钮等操作应灵活可靠，所附各种指示器的示值与示值单位应清晰、醒目；出厂技术指标中应说明仪器测量范围；所带附件，如专用电源、安装螺钉、专用软件、使用说明书等应完好齐全。

6　计量器具控制

计量器具控制包括首次检定、后续检定和使用中检查。

6.1　检定条件

6.1.1　环境条件

温度:18~28 ℃;

相对湿度:20%~80%;

电源电压应在额定电压的±10%范围内;

周围无强电磁场干扰,无腐蚀性气、液体,无振动、冲击源。

6.1.2　计量标准及主要配套设备

a)振动标准装置,频率范围应不小于2~5 000 Hz。比较法振动标准装置技术指标见表6-2。

表6-2　比较法振动标准装置技术指标一览表

名称	测量参数范围	技术标准	
		频率范围/Hz	测量不确定度(k=2)/%
比较法振动标准装置	f:0.01~20 000 Hz a:5×10^{-5}~5×10^{4} m/s² v:1×10^{-3}~0.4 m/s d:1×10^{-8}~0.5 m	2~20	5
		>20~2 000	2
		>2 000~5 000	3

动态应变频率上限不小于600 Hz,动态应变参考频率点测量不确定度不超过3.0%(k=2)。

b)信号发生器,频率范围1~5 000 Hz,输出电压峰值不小于5 V,频率准确度优于5×10^{-4},电压幅值稳定度优于0.5%,失真度优于0.2%。

c)数字多用表(可选),频率范围1 Hz~20 kHz,电压测量最大允许误差优于±0.2%。

d)动态信号分析仪(可选),分析带宽不小于50 kHz,至少有2个同步采样通道,频率测量最大允许误差优于±0.1%,幅值测量最大允许误差优于±1.0%。

e)冲击标准装置(可选),加速度范围不小于100~1×10^{4} m/s²。

f)应变测量装置,静态应变范围不小于1 000 με,静态应变测量不确定度优于2%(k=2)。

6.2　检定项目

动测仪的首次检定、后续检定和使用中检查项目见表6-3。

表6-3　动测仪的首次检定、后续检定和使用中检查项目一览表

检定项目	首次检定	后续检定	使用中检查
外观检查与标志	+	+	+
加速度测量系统的参考灵敏度	+	+	+
加速度测量系统的幅频响应特性	+	+	+

续表 6-3

检定项目	首次检定	后续检定	使用中检查
加速度测量系统的幅值线性误差	+	-	-
应变传感器的幅值线性误差	+(如适用)	+(如适用)	-
应变测量系统的幅频响应特性	+(如适用)	+(如适用)	-
应变测量系统的幅值线性误差	+(如适用)	+(如适用)	-
冲击力测量系统的幅值线性误差	+(如适用)	+(如适用)	-
时间示值误差	+	+	-
频率示值误差	+(如适用)	+(如适用)	-
系统噪声电压	+	+	-
动态范围	+	+	-
通道一致性误差	+	-	-

注:"+"表示需检定项目,"-"表示不需检定项目,"如适用"表示根据仪器功能进行检定项目。

6.3 检定方法

6.3.1 外观检查与标志

对动测仪外观、标志的检查应符合 5.1 和 5.2 的要求。

6.3.2 动测仪加速度测量系统

6.3.2.1 加速度测量系统的参考灵敏度和幅频响应特性

动测仪加速度测量系统的幅频响应特性检定原理如图 6-1 所示。加速度幅值小于或等于 500 m/s^2 时,用振动法检定测量系统的参考灵敏度。将被检传感器与标准传感器背靠背刚性地安装在标准振动台的台面中心,标准振动台调到一定的频率和幅值(推荐参考频率点为 160 Hz,标准振动幅值为 10 m/s^2 或 100 m/s^2),读出动测仪的输出示值,其与标准振动幅值之比即为加速度测量系统参考灵敏度,结果应满足 4.1.1 的要求。检定结果单位为 $mV/(m \cdot s^{-2})$。

改变振动频率,测量不同频率下动测仪的输出示值。在全频段内选择不少于 7 个频率点进行检定,推荐频率为 2 Hz,5 Hz,20 Hz,40 Hz,80 Hz,160 Hz,320 Hz,640 Hz,1 280 Hz,2 000 Hz,3 000 Hz,5 000 Hz。以参考频率点的幅值 x_0 为参考值,测出其他频率点的幅值 x_i,将它们带入式(6-1)计算,给出检定结果,结果应满足 4.1.2 的要求。

$$\delta_{1i} = \frac{x_i - x_0}{x_0} \times 100\% \qquad (6\text{-}1)$$

式中 δ_{1i}——第 i 个频率点的幅值相对误差,%;

x_0——参考点的加速度幅值,m/s^2;

x_i——其他频率点的加速度幅值,m/s^2。

动测仪的幅频响应特性检定还可以用连续扫描法、白噪声激振法,结果应满足 4.1.2 的要求。

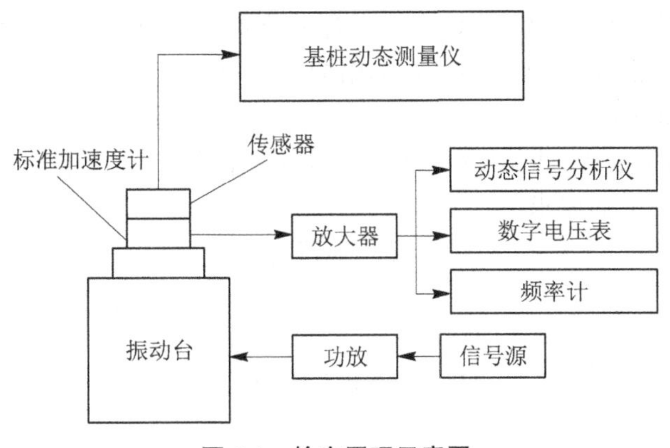

图 6-1　检定原理示意图

6.3.2.2　加速度测量系统的幅值线性误差

6.3.2.2.1　振动法

振动或冲击加速度幅值小于或等于 500 m/s^2,动测仪的幅值线性误差的检定原理如图 6-1 所示。

采用正弦信号激振,将被检传感器与标准传感器背靠背地刚性安装在标准振动台台面中心,标准振动台调到一定频率和幅值(推荐参考频率点为 160 Hz,标准振动幅值为 10 m/s^2),同时选取不少于 3 个不同的标准幅值 X_{0i},幅值按 1,2,4,6,8 乘以 10^n 选取(n 是整数),直至测量范围上下限。逐个改变幅值 X_{0i},同时读取动测仪的输出示值 X_i。按式(6-2)计算动测仪的幅值线性误差。检定结果应符合 4.1.3 的要求。

$$\delta_{2i}=\frac{X_{0i}-(a_0+aX_i)}{X_M}\times 100\% \tag{6-2}$$

$$a_0=\frac{\frac{1}{n}\sum_{i=1}^{n}x_{0i}\sum_{i=1}^{n}x_i^2-\frac{1}{n}\sum_{i=1}^{n}x_i\sum_{i=1}^{n}x_ix_{0i}}{\sum_{i=1}^{n}x_i^2-n\left(\frac{1}{n}\sum_{i=1}^{n}x_i\right)^2}$$

$$a=\frac{\sum_{i=1}^{n}x_ix_{0i}-\frac{1}{n}\sum_{i=1}^{n}x_i\sum_{i=1}^{n}x_{0i}}{\sum_{i=1}^{n}x_i^2-n\left(\frac{1}{n}\sum_{i=1}^{n}x_i\right)^2}$$

式中　i——1,2,3,4,…,n;

a_0——拟合直线的截距;

a——拟合直线的斜率;

δ_{2i}——幅值线性误差,%;

X_M——X_{0i} 中幅值的最大值,m/s^2。

6.3.2.2.2　冲击法

加速度幅值大于 500 m/s^2 时,动测仪的幅值线性误差检定原理如图 6-2 所示。

按厂家提供的传感器灵敏度,设置好信号适调仪。采用能产生半正弦冲击脉冲波形的冲击台,将传感器与标准加速度计安装在合适位置,通过毡垫、橡皮垫等调节合适的脉冲宽度和幅值,幅值推荐 1 000 m/s^2,在选用的冲击幅值和脉宽下测出动测仪响应。检定结果单位为 mV/(m · s^{-2})。

逐个改变冲击幅值 X_{0i},同时读取动测仪的每一个输出值 X_i,检定方法参照 6.3.2.2.1。检定结果应符合 4.1.3 的要求。

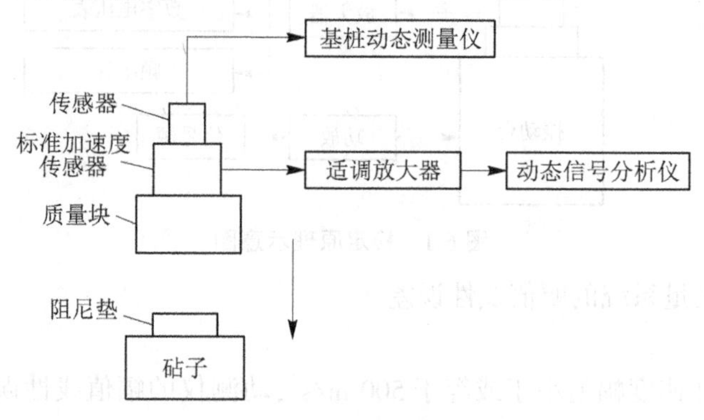

图 6-2　检定原理图

6.3.3　动测仪应变测量系统

6.3.3.1　应变传感器的幅值线性误差

应变传感器的幅值线性误差的测量装置如图 6-3 所示。

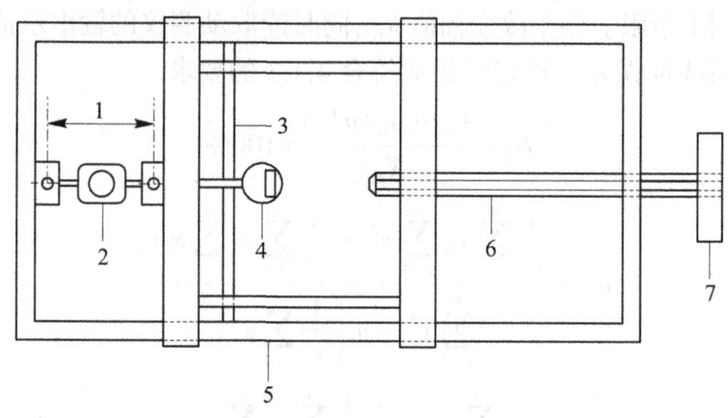

1—应变传感器标距;2—被测应变传感器;3—位移测量仪表的支撑横梁;

4—位移测量仪表;5—滑轨;6—精密丝杠;7—转动手柄。

图 6-3　应变测量装置

将应变传感器固定在应变测量装置上,将应变传感器与应变数据采集器输入端连接。在传感器 80%~90%的量程范围内划分 10 级位移增量。按位移增量由低到高逐级依次记录应变数据采集器和位移测量仪表的输出。对应变数据采集器输出的电压值和由位移仪表测量的标准应变值进行最小二乘法拟合。所拟合直线的斜率为应变传感器的系统灵敏度。按式(6-3)计算应变传感器的幅值线性误差,检定结果应符合 4.2.1 的要求。

$$\delta=\frac{\Delta Y_{\max}}{Y}\times100\% \tag{6-3}$$

式中　δ——应变传感器的幅值线性误差,%;

ΔY_{max}——实测曲线与拟合直线间的最大偏差,mV;

Y——应变数据采集器的满量程输出,mV。

6.3.3.2　应变测量系统的幅频响应特性

应变测量系统的幅频响应特性检定原理如图 6-4 所示。

将动测仪应变传感器安装于标准振动台上,进行动测仪应变灵敏度设置,选取某一合适频率(推荐 160 Hz)和加速度值(推荐 5 m/s²、10 m/s²)进行激振,动测仪测得的幅值与应变传感器承受的标准值之比为应变测量系统的参考灵敏度,按式(6-4)计算。

$$S_0=\frac{4\pi^2 f^2 LE}{X_0\times 10^6} \tag{6-4}$$

式中　S_0——应变测量系统的参考灵敏度,μV/με;

E——动测仪应变系统的测量幅值,μV;

X_0——振动台加速度值,m/s²;

f——振动台振动频率,Hz;

L——应变环标距,m。

改变振动频率,在全频段内选择不少于 7 个频率点进行检定,推荐频率为 20 Hz,40 Hz,80 Hz,160 Hz,320 Hz,640 Hz,1 500 Hz,2 000 Hz,分别测量不同频率下动测仪的应变测量系统灵敏度 S_i。将它们代入式(6-5)计算,结果应满足 4.2.2 的要求。

$$\delta_i=\frac{S_i-S_0}{S_0}\times 100\% \tag{6-5}$$

式中　δ_i——应变测量系统第 i 个频率点的灵敏度与参考灵敏度的误差,%;

S_i——动测仪第 i 个频率点的灵敏度,μV/με;

S_0——动测仪应变系统的参考灵敏度,μV/με。

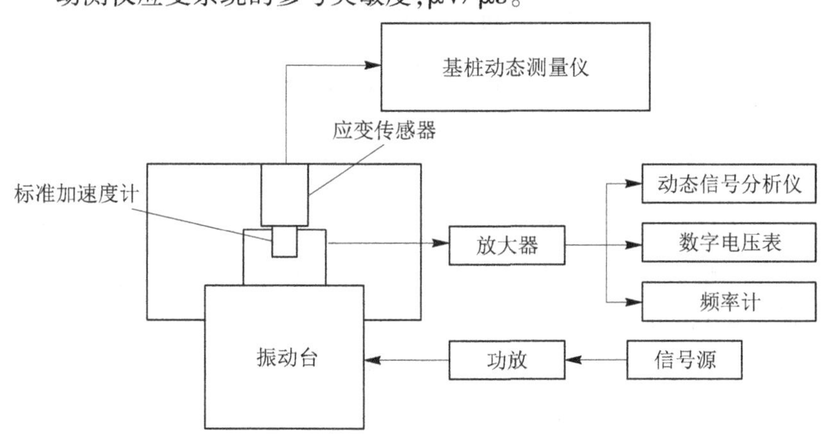

图 6-4　应变测量系统检定框图

6.3.3.3　应变测量系统的幅值线性误差

应变测量系统的幅值线性误差检定原理如图 6-4 所示。

将动测仪应变传感器安装于标准振动台上,进行动测仪应变灵敏度设置,标准振动台调到一定的频率和幅值(推荐参考频率点为 160 Hz,标准振动幅值为 10 m/s²),同时选取不少于 3 个不同的标准幅值 x_{0i}，幅值按 1，2，4，6 乘以 10^n 选取（n 是整数），逐个改变幅值 x_{0i}，同时动测仪读出每一个输出示值 x_i。按式（6-2）计算动测仪的幅值线性误差。检定结果应符合 4.2.3 的要求。

6.3.4　冲击力测量系统的幅值线性误差

根据牛顿第二定律 $F=ma$ 实现动态力的测量，将中心安装有标准加速度计的质量块用细线悬挂起来，用动测仪的冲击力测量系统敲击质量块，并记录其采集到的电压；由标准加速度计采集到的加速度量值 a 和质量块的质量 m 计算敲击所产生的冲击力 F，对动测仪冲击力测量系统输出的电压值和动态力 F 进行最小二乘法拟合，所拟合直线的斜率为冲击力测量系统的系统灵敏度。按式（6-6）计算冲击力测量系统的幅值线性误差，检定结果应符合 4.3 的要求。

$$\delta=\frac{\Delta Y_{\max}}{Y}\times 100\% \tag{6-6}$$

式中　δ——冲击力测量系统的幅值线性误差，%；

$\Delta Y_{\max}$——实测曲线与拟合直线间的最大偏差，mV；

Y——动态力测量系统的量程，mV。

6.3.5　时间示值误差和频率示值误差

本项检定可以和 6.3.2.1 同时进行。当振动频率为 f_i 时，选取合适的采样频率读取动测仪显示时间域波形的 5 个振动周期 T_5（s），读取动测仪的测量频率 f_{xi}。按式（6-7）计算动测仪的时间示值误差，按式（6-8）计算动测仪的频率示值误差，结果应满足 4.4、4.5 的要求。

$$\delta_{ti}=\frac{T_5/5-1/f_i}{1/f_i}\times 100\% \tag{6-7}$$

式中　δ_{ti}——第 i 个频率点动测仪时间示值误差，%。

$$\delta_{fi}=\frac{f_{xi}-f_i}{f_i}\times 100\% \tag{6-8}$$

式中　δ_{fi}——第 i 个频率点动测仪频率示值误差，%。

6.3.6　系统噪声电压

动测仪选定合适增益，将传感器连接到动测仪输入端，不给振动信号，测量动测仪的最大系统噪声电压幅值 X_n（去掉直流分量）。按式（6-9）计算动测仪的系统噪声电压有效值。结果应满足 4.6 的要求。

$$V_n=X_n/k \tag{6-9}$$

式中　V_n——动测仪的系统噪声电压，mV；

X_n——动测仪的最大系统噪声电压有效值，mV；

k——动测仪的增益倍率。

6.3.7　动态范围

动测仪动态范围的检定方法如下：

在不改变增益条件下，动测仪连接传感器后的输出端噪声电压有效值为 x_m。动态范围按式（6-10）计算。结果应满足 4.7 的要求。

$$D = 20\lg \frac{x_F}{x_m} \tag{6-10}$$

式中　D——动态范围,dB;

x_F——满量程幅值,按照 6.3.2.2 测得的幅值线性误差优于±5%的上限值,mV;

x_m——动测仪输出端电压有效值,mV。

6.3.8　动测仪的通道一致性误差

由信号发生器给出参考频率 160 Hz 和峰值 2 V 的参考电压,同时输入给动测仪各测量通道。各通道同时采集信号波形,分别读取这两个波形同一个周期过零点的时间 T_1 和 T_2(ms)。按公式(6-11)计算动测仪通道一致性延时误差。结果应满足 4.8 的要求。

$$\Delta\varphi = T_1 - T_2 \tag{6-11}$$

式中　$\Delta\varphi$——延时误差,ms;

T_1——动测仪第一通道过零点的时间,ms;

T_2——动测仪第二通道过零点的时间,ms。

分别读取这两个通道的波形幅值 x_1 和 x_2,按公式(6-12)计算动测仪的通道一致性幅值误差。结果应满足 4.8 的要求。

$$\delta_x = 20\lg \frac{x_1}{x_2} \tag{6-12}$$

式中　δ_x——通道一致性幅值误差,dB。

x_1——动测仪第一通道的波形幅值,m/s^2;

x_2——动测仪第二通道的波形幅值,m/s^2。

6.4　检定结果的处理

按照规程的规定和要求,对检定合格的动测仪发给检定证书;对检定不合格的动测仪发给检定结果通知书,并注明不合格项目。

检定证书和检定结果通知书的内页应包括检定条件、检定项目、检定结果等内容。

6.5　检定周期

动测仪的检定周期不应超过 1 年。

第 2 节　基桩动测仪的工作原理

基桩动测仪的工作原理利用传感器连接在待测桩上,给桩头一个激励信号,产生入射波及缺陷(包括桩底)的反射波,基桩动测仪会显示出采集的波形信号,测桩人员根据波形特征对桩的特点缺陷进行判定。日常校准时通常使用振动比较法,用中频振动标准装置进行比较,振动比较法使用的测量系统结构如图 6-5 所示。

传感器与标准传感器背靠背地安装于标准振动台中心,基桩动测仪进行正确设置后,采集到信号波形,人工读取动测仪信号的幅值和频率,判断是否符合规程要求。

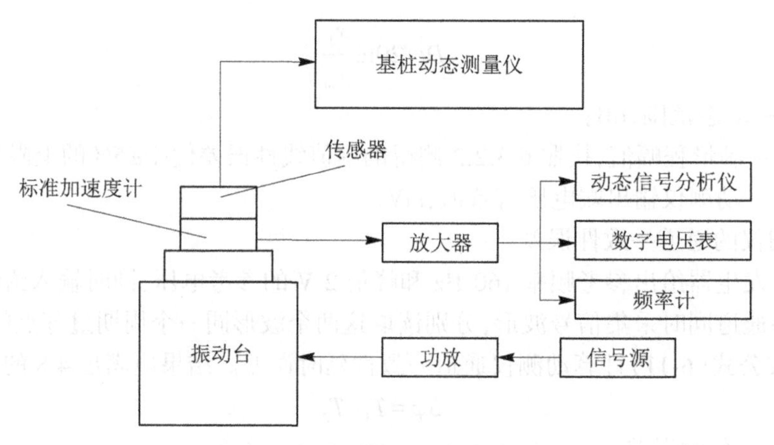

图 6-5　振动比较法测量系统结构

第 3 节　动测仪自动校准方法设计

传统校准利用中频振动标准装置给出标准正弦信号,动测仪采集到的是连续的正弦信号,而现场动测仪测桩的过程中,采集到的是冲击波形,实现了基桩动测仪的自动校准系统后,标准装置既可以给出连续的正弦振动又可以给出模拟现场测桩时的冲击信号。

自动校准系统的主要框架就是以计算机为核心,利用数采设备(集成了信号发生器、多通道同步数据采集卡)、适调放大器、标准振动台和功率放大器搭建一个计算机控制系统,计算机发出指令让振动台起振,起振波形模拟基桩动态测量仪实际测试时的振动波形,标准传感器检测输出振动台的振动物理信息,计算机采集到标准传感器的信号,得到振动台的实时振动状态。同时,基桩动测仪进行正确设置后,采集到信号波形,并输入计算机,计算机对采集到的振动波形与标准传感器采集的波形进行比较分析运算,测得系统的灵敏度、频率响应、幅值非线性度、时间示值误差、频率示值误差、系统噪声电压、通道一致性、通道干扰等指标,实现基桩动测仪的自动校准,基桩动测仪的自动校准如图 6-6 所示。

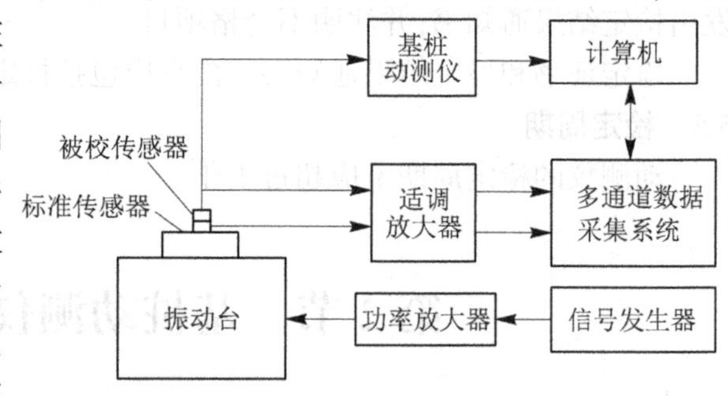

图 6-6　基桩动测仪的自动校准示意图

第 4 节　基桩动测仪幅值不确定度的评定

根据基桩动测仪的校准过程,标准装置输出正弦振动,标准加速度为(有效值)10.0

m/s^2,被校基桩动测仪的系统灵敏度为 10.0 mV/(m/s^2),基桩动测仪幅值相应指示值为 a_x,被测幅值与各分量的函数关系为

$$\Delta a = a_x - a_n \tag{6-13}$$

式中　a_n——动测仪应输出的标准值;

a_x——被校基桩动测仪的幅值示值。

式(6-13)中各分量互不相关。

1　由标准传感器套组和振动台引入的不确定度 u_1

检定证书给出了传感器套组的不确定度 160 Hz 时,$U=0.5\%$,$k=2$,通频带时 $U=1\%$,$k=2$,则 160 Hz 时,$u_{11}=0.5\%/2\times141.4\approx0.354$(mV);其余频点时,$u_{12}=1\%/2\times141.4=0.707$(mV)。

2　由信号采集模块引入的测量不确定度分量 u_2

用 B 类标准不确定度评定。

上一级检定给出的测量结果不确定度为 $U=0.1\%$,$k=2$,则

$$u_2=0.1\%/2\times141.4=0.070\ 7(\text{mV})$$

3　基桩动测仪示值误差引入的测量结果不确定度分量 u_3

用 A 类标准不确定度评定。

由基桩动测仪的非线性、零点漂移引起的误差,可利用重复性测量中的数据,采用统计分析的方法,计算其试验标准差,并作为其标准不确定度分量。

对被检基桩动测仪,在其频响范围内在全频段选择不少于 7 个频率点进行检测,找出变化较大的频率点,对该频率点进行多次重复检测,得到的一组数据如表 6-4 所示。测量平均值的不确定度见表 6-5。

表 6-4　单次测量数据

测量次数	各频率点幅值/mV							
	20 Hz	40 Hz	80 Hz	160 Hz	320 Hz	650 Hz	1 250 Hz	2 000 Hz
1	153.33	151.23	144.32	143.12	143.67	143.33	144.35	145.30
2	152.13	150.11	143.15	144.56	144.55	142.13	144.83	144.55
3	154.99	152.79	143.79	141.88	142.15	144.99	142.20	144.39
4	153.63	153.73	143.66	143.11	143.65	143.63	143.30	142.65
5	151.21	151.31	141.24	142.24	142.17	141.21	141.25	142.28
6	151.64	151.54	141.54	141.97	141.55	142.64	143.65	141.89
7	154.81	154.21	144.21	143.25	143.41	144.11	144.80	144.44

单次测量试验标准差 $s=\sqrt{\frac{\sum(U_i-\overline{U})^2}{n-1}}$。

平均值的标准不确定度 $u_3=\frac{s}{\sqrt{n}}\times100\%$。

表 6-5　测量平均值的不确定度

中心频率/Hz	试验标准差 s /mV	标准不确定度 u_3/mV
20	1.50	0.57
40	1.49	0.56
80	1.25	0.47
160	0.94	0.36
320	1.08	0.41
650	1.27	0.47
1 250	1.35	0.51
2 000	1.33	0.50

4　噪声、谐波失真、安装参数引入的标准不确定度分量 u_4

干扰噪声会对振动台和信号采集的数值造成影响,其引入的误差为±0.2%,可认为是均匀分布,故引入的标准不确定分量为

$$u_{41}=0.2\%/\sqrt{3}\times141.4\approx0.163(\text{mV})$$

标准振动台收到计算机给出的指令后,不会马上产生纯正正弦振动,存在谐波失真,加速度谐波失真度小于5%,均匀分布,因此标准不确定分量为

$$u_{42}=0.5\%/\sqrt{3}\times141.4\approx0.408(\text{mV})$$

扭矩、电缆的固定以及刚性连接等安装参数对输出测量的影响而引入的标准不确定度分量为

$$u_{43}=0.05\%/\sqrt{3}\times141.4\approx0.040\ 8(\text{mV})$$

由此,得到其他影响量的不确定度为

$$u_4=\sqrt{u_{41}^2+u_{42}^2+u_{43}^2}\approx0.441(\text{mV})$$

5　扩展不确定度的计算

以上分析的各分量相互独立,可计算出合成标准不确定度(见表 6-6)。

根据《基桩动态测量仪》(JJG 930—2021)中频率响应特性的规定,通常在 20~2 000 Hz 频率范围内对基桩动测仪频率响应特性进行校准,其测量不确定度见表 6-7。

表 6-6　合成标准不确定度

中心频率/Hz	合成标准不确定度 u_c/%
20	1.01
40	1.01
80	0.96
160	0.67
320	0.93
650	0.96
1 250	0.98
2 000	0.97

表 6-7　频响范围内的扩展不确定度

中心频率/Hz	扩展不确定度 $U(k=2)$/%
20	2.3
40	2.3
80	2.1
160	1.5
320	1.9
650	2.3
1 250	2.2
2 000	2.2

6　结论

在基桩动测仪的检定校准中,传统的手工校准不能满足日益增长的工作需要,自动化校准代替手工校准可减少计量人员的工作量,提高工作效率,测试自动化已成必然趋势,建立基桩动测仪自动校准装置不仅可以校准测量系统,也可以校准软件分析系统,为产品的开发设计提供参考依据。基桩动测仪幅值不确定度的评定是对校准值的补充,基桩动测仪的频响范围内,给出不同误差值,对用户根据不同的检测环境分析动测仪的采样值有现实意义。

第 7 章　环境振动分析仪计量技术研究

环境振动分析仪是一种用于测量环境振动的测量仪器,一般由振动传感器、带有频率计权的放大器和检波指标器以及振动测量软件等组合而成。频率计权用来评价不同频率分量振动对测量的影响。人体对环境振动响应比较敏感,过大的环境振动影响人的身体健康,超高频的振动对人的响应也较大,主要对人的神经或内在脏器造成影响,因此可借助环境振动分析仪测量周围环境的振动,评价振动对人体影响的大小。为了保证测试的准确可靠,环境振动分析仪的技术参数的计量成为安全可靠、准确运行的关键,为了进一步提高相应振动参数的计量可靠性,确保生产生活和人身安全,本章从检定规程、检定注意事项及不确定度分析等方面进行阐述。

第 1 节　《环境振动分析仪》(JJG 921—2021)节选

1　范围

本规程适用于频率范围 1～80 Hz 的环境振动分析仪首次检定、后续检定和使用中检查。

2　引用文件

本规程引用下列文件:

《通用计量术语及定义》(JJF 1001—2011)

《城市区域环境振动测量方法》(GB/T 10071—1988)

《人体对振动的响应　测量仪器》(GB/T 23716—2009)

凡是注日期的引用文件,仅注日期的版本适用于本规程;凡是不注日期的引用文件,其最新版本(包括所有的修改单)适用于本规程。

3　术语

JJF 1001—2011 和 GB/T 23716—2009 界定的以及下列术语和定义适用于本规程。

3.1　**加速度振级** acceleration level of ribration

L_a 为加速度与参考加速度之比的以 10 为底的对数乘以 20,单位为分贝(dB),由式(7-1)给出:

$$L_a = 20\lg \frac{a}{a_0} \tag{7-1}$$

式中 a——实测加速度有效值,m/s^2;

a_0——参考加速度,$a_0=1\times10^{-6}$ m/s^2。

3.2 **计权振级** weighted level of vibration

L_w 为由计权加速度 a_w 得到的振级,单位为分贝(dB),由式(7-2)给出:

$$L_w=20\lg\frac{a_w}{a_0} \tag{7-2}$$

式中 a_w——计权加速度,m/s^2。

4 概述

环境振动分析仪是一种用于测量环境振动的测量仪器,由振动传感器、主机(包括带指定频率计权的放大器和检波——平均指示器)、环境振动测量软件组合而成。

频率计权用来评价不同频率分量振动对测量的影响。环境振动分析仪测量的基本量是频率计权加速度有效值,通过时域信号数字滤波方法实现。一般情况下,环境振动分析仪既能测量铅垂向计权振级(环境振级),又能测量水平计权振级,以及不计权振动加速度级。按 GB/T 10071—1988 规定,环境振动测量使用振动铅垂向 Z 频率计权,有的仪器还具有振动水平方向 X-Y 频率计权及不计权加速度级;按 GB/T 23716—2009 与上述计权对应的已更改为 W_k 计权和 W_d 计权。

5 计量性能要求

5.1 整机灵敏度

在参考频率 16 Hz、参考加速度(有效值)1 m/s^2 时,调整整机灵敏度,加速度级示值应在(120±0.35)dB 的范围内。

5.2 频率计权响应误差

振级测量频率范围:1~80 Hz。

5.3 幅值线性误差

在给定的振级测量范围内,幅值线性最大允许误差为±0.5 dB。

5.4 统计振级(可选)

环境振动分析仪应具备等效连续计权振级 L_{eq} 和累积百分数振级 L_n 的测量功能。L_{eq} 和 L_n 与理论计算得到的值之差不超过±1.1 dB。

6 通用技术要求

6.1 外观

6.1.1 环境振动分析仪应具备清晰而耐久的名称、型号、出厂编号和制造厂。

6.1.2 环境振动分析仪中非供操作者使用的部件应采用密封或标记的方法加以保护。

6.1.3 环境振动分析仪应无影响使用的机械性损伤或变形,开关等控制器件应操纵灵活、定位准确,无接触不良的现象。

6.2 复位

对于所有给定的频率计权,用于测量时间平均环境振动值、最大瞬态振动值和统计振级的仪器,应有复位功能。

6.3　**附件**

所带附件应完好齐全,如专用电源、打印机、安装螺钉、专用软件、使用说明书等。

7　计量器具控制

计量器具控制包括首次检定、后续检定和使用中检查。

7.1　**检定条件**

7.1.1　环境条件

温度:比较法振动标准要求(23±5)℃;

相对湿度:≤75%;

电源电压的变化应在额定电压的±10%范围内;

室内无腐蚀性介质,无明显的干扰振源和强电磁环境。

7.1.2　检定用计量器具

7.1.2.1　正弦信号发生器

正弦信号发生器的频率范围应覆盖检定频率范围,频率最大允许误差±0.1%,输出电压有效值范围不小于 10 mV~10 V,幅值最大允许误差±2.0%,幅值稳定性优于 0.5%。

7.1.2.2　低频振动标准装置

低频振动标准装置包括参考加速度计(包括电荷放大器)、信号发生器、功率放大器、振动台、真有效值电压表或数采系统。低频振动标准装置频率范围应不小于 1~80 Hz,频率最大允许误差±0.1%,幅值稳定性不大于 1%,加速度不确定度不大于 3%,总失真度不大于 5%。

7.2　**检定项目**

环境振动分析仪检定项目和使用中检查的项目见表 7-1。

表 7-1　环境振动分析仪检定项目一览表

检定项目	首次检定	后续检定	使用中检查
外观检查	+	+	+
整机灵敏度	+	+	+
频率计权响应误差	+	+	-
幅值线性误差	+	+	-
统计振级	+(如适用)	-	-

注:“+”表示需检定或检查的项目,“-”表示不需检定或检查的项目。

7.3　**检定方法**

7.3.1　外观检查

目视或手动操作检查,环境振动分析仪外观应符合“通用技术要求”。

7.3.2　整机灵敏度检查

将环境振动分析仪置于“测量”挡，进行整机灵敏度检查。检定示意图如图7-1所示。

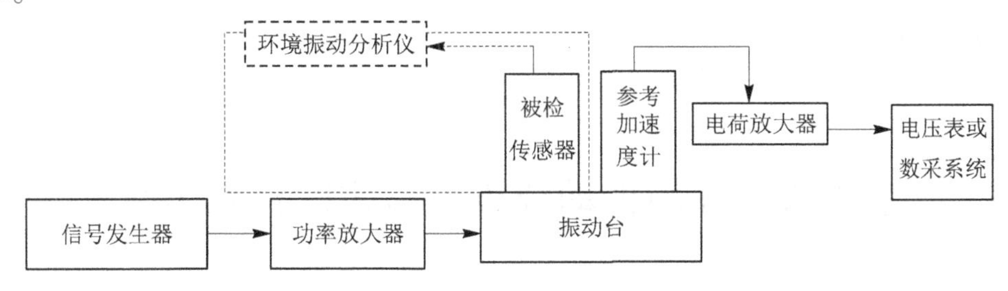

图7-1　整机灵敏度检定连接示意图

将振动传感器安装在振动台台面上，由低频振动标准装置输出16 Hz，1 m/s^{2}的加速度激励信号，调整被检环境振动分析仪的整机灵敏度，使无计权加速度级示值为(120±0.35)dB，记录整机灵敏度。

7.3.3　频率计权响应误差

检定连接示意图如图7-1所示，采用正弦振动激励。

将振动传感器安装在振动台台面上，在环境振动分析仪工作频率范围(1~80)Hz内以不大于倍频程间隔，保持振动加速度幅值不变，分别读出环境振动分析仪在不同频率上的频率计权加速度级示值。

7.3.4　幅值线性误差

检定连接示意图如图7-1所示，采用正弦振动激励。

把振动传感器安装在振动台台面上，低频振动标准装置的振动频率选取16 Hz，在幅值范围内均匀选取不少于7~9个不同的加速度幅值(包括上、下限)，并从环境振动分析仪读出对应的频率计权加速度级示值，其示值误差应符合5.3的规定。

7.3.5　统计振级

环境振动分析仪统计振级检定连接示意图见图7-2。

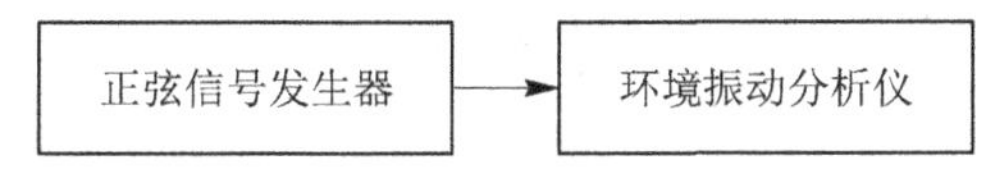

图7-2　统计振级检定连接示意图

环境振动分析仪放置在全身垂直计权上。

环境振动分析仪的统计振级功能应用16 Hz的稳态正弦电信号进行测试，且信号指示应在环境振动分析仪参考线性工作范围上限以下3 dB至线性工作范围下限以上10 dB。首先施加一个16 Hz正弦电信号给环境振动分析仪，调节输入信号至参考级量程线性工作范围规定的上限以下3 dB；采样时间建议60 s，将信号以每10 dB为一级进行衰减，采样60 s，采样至少在40 dB线性范围内进行；采样结束，计算环境振动分析仪的等效连续振级L_{eq}、L_5、L_{10}、L_{50}、L_{90}、L_{95}的值与理论计算所得到的数值之差，应符合5.4的规定。

7.4 **检定结果处理**

经检定符合本规程要求的环境振动分析仪出具检定证书。经检定不符合本规程要求的环境振动分析仪出具检定结果通知书,并注明不合格项目。

7.5 **检定周期**

环境振动分析仪的检定周期一般不超过1年。

第2节 环境振动分析仪检定的注意事项

1 振动量的检定

由于环境振动分析仪应用频率较低,振动加速度量值较小,应注意不能过载。同时,由于计权方式的不同,出现的量值不同,因此在检定或测量时应按要求选择计权方式,以及测量范围。

2 声级的测量

声级的测量按声学相关专业的要求进行,并按规程做好检定量值记录。声级测量读数准确度在参考条件下,1型为±0.7 dB;2型为±1.0 dB。

3 全身或手传振动的检定

由于全身或手传振动检定的特殊性,其频率响应在各频点有相应的衰减量,因此结果的判断应在弥补衰减量后再行判断。

4 示值超差

如果测量结果超差较大,应在测量时进行标定,按说明提供相应的振动幅值,并适当修改传感器灵敏度以获得准确的振幅,然后进行检定。

第3节 环境振动分析仪测量结果的不确定度评定

1 测量依据

《环境振动分析仪》(JJG 921—2021)

《编制测量不确定度评定报告作业指导书》(YLY/C80-2018-007)

2 计量标准及测量方法

计量标准为低频振动标准装置,测量范围:加速度0.015~10 m/s^2;频率0.1~100 Hz。实验室所使用的计量标准器和配套设备如表7-2所示。

表 7-2　实验室的计量标准器和配套设备

序号	设备名称	技术性能	
1	低频振动标准套组	测量范围:0.006～10 m/s² 频率:0.1～100 Hz	U_{rel}=0.5%(16 Hz),k=2; U_{rel}=1.0%(通频带),k=2
2	低频振动标准装置(水平)	加速度:0.015～10 m/s² 频率:0.1～100 Hz	加速度幅值稳定度≤0.3%; 加速度谐波失真度≤5%; 横向振动比≤10%(f≤100 Hz)
3	低频振动标准装置(垂直)	加速度:0.015～10 m/s² 频率:0.1～100 Hz	加速度幅值稳定度≤0.3%; 加速度谐波失真度≤5%; 横向振动比≤10%(f≤100 Hz)
4	数字万用表	ACV:0.01～10 V	MPE:±0.2%

测量方法:将被校环境振动分析仪的加速度传感器刚性连接在标准振动台上,采用比较法校准环境振动分析仪加速度传感器的灵敏度,在参考频率和参考加速度条件下确定被检加速度传感器灵敏度。被检加速度传感器的输出与所承受的加速度值之比即为参考灵敏度幅值。

3　数学模型

被检加速度计灵敏度幅值 S_2 按式(7-3)计算。

$$S_2=\frac{X_2}{X_1}\times S_1=\frac{X_2}{A_p} \tag{7-3}$$

式中　X_2——被检加速度计输出值,mV 或 pC;

X_1——参考加速度计输出值,mV 或 pC;

S_1——参考加速度计灵敏度幅值,mV/(m·s⁻²)或 pC/(m·s⁻²);

A_p——振动台加速度,m/s²。

4　标准不确定度评定

4.1　标准不确定度来源

4.1.1　标准振动套组加速度灵敏度测量结果不确定度引入的不确定度分量 u_1

根据检定规程,参考加速度计的加速度灵敏度幅值测量不确定度为 0.5%(16 Hz),U_{rel}=1.0%(通频带),k=2,为 B 类不确定度。则不确定度分量 U_1 为

16Hz:u_1=0.5%/2=0.25%;

通频带(0.1～100 Hz):u_1=1.0%/2=0.5%。

4.1.2　标准振动套组加速度幅值稳定度引入的不确定度分量 u_2

根据检定证书,本低频振动标准装置中所用的标准加速度计的年稳定度应优于 0.02%,服从均匀分布。不确定度分量 u_2 为

$$u_2=\frac{0.02\%}{\sqrt{3}}\approx 0.012\%$$

4.1.3 标准振动台体横向振动、安装参数(扭矩、电缆的固定等因素)引入的不确定度分量 u_3

根据《标准振动台》(JJG 298—2015),台面中心横向加速度幅值不大于 10%,参考加速度计振动最大横向灵敏度比不大于 2%,被测加速度计振动最大横向灵敏度比不大于 5%,假设 3 个参数均为矩形分布,根据 ISO/FDIS 16063-21 的要求,合成计算为

$$\sigma = \sqrt{\frac{1}{2}(S_{V_1}^2 + S_{V_2}^2)} \cdot a_{\mathrm{T}}$$

式中 $S_{V_1}^2$、$S_{V_2}^2$——标准加速度计和被检加速度计的横向灵敏度;

a_{T}——横向振动加速度。

安装参数带来的误差估计在 0.5%之内,可以认为是均匀分布,故

$$u_3 = 0.5\%/\sqrt{3} \approx 0.29\%$$

4.1.4 标准振动台体谐波失真度引入的不确定度分量 u_4

根据检定证书,装置中所用的标准振动台垂直和水平方向的失真度测量不确定度最大值在水平方向,为 0.22%($k=2$),属于 B 类不确定度,则

$$u_4 = 0.22\%/2 = 0.11\%$$

4.1.5 标准振动台频率稳定度引入的不确定度分量 u_5

根据检定证书,装置中所用的标准振动台频率稳定度为 0.02%,服从均匀分布,则

$$u_5 = 0.02\%/\sqrt{3} \approx 0.012\%$$

4.1.6 标准振动台加速度测量不确定度引入的不确定度分量 u_6

根据检定证书,装置中所用的标准振动台加速度测量不确定度为 3.0%,$k=2$,属于 B 类不确定度。

$$u_6 = 3.0\%/2 = 1.5\%$$

4.1.7 输出电压测量引入的不确定度分量 u_7

被检传感器输出的电压由装置的数字万用表进行测量得到,根据规程和检定证书,在 100 mV~750 V 范围内,最大允许误差 MPE=0.1%,服从均匀分布,则

$$u_7 = 0.1\%/\sqrt{3} \approx 0.058\%$$

4.1.8 测量重复性引入的不确定度分量 u_8

将 8305 型加速度计置于振动标准套组的振动台上,与标准加速度计背靠背安装,分别做 10 次重复性测量,所得测量示值[单位:pC/(m·s^{-2})]如下:0.124 9、0.124 9、0.124 9、0.125 0、0.124 8、0.124 9、0.125 0、0.124 8、0.124 9、0.124 8。

算术平均值:

$$\bar{x} = \frac{1}{n}\sum_{i=1}^{10} x_i \approx 0.124\ 9$$

单次测量的标准偏差:

$$s(x_i) = \sqrt{\frac{\sum_{i=1}^{n}(x_i - \bar{x})^2}{n-1}} \approx 0.000\ 07$$

相对标准偏差：

$$s(x_i)'=\frac{s(x_i)}{\bar{s}}=0.000\ 56$$

可得标准不确定度：

$$u_8=\frac{s(x_i)}{\sqrt{3}}\approx 0.032\%$$

5　合成标准不确定度

标准不确定度分量汇总见表 7-3。

表 7-3　标准不确定度分量汇总

序号	不确定度来源	符号	相对标准不确定度分量 u_i	
1	标准振动套组加速度灵敏度测量结果不确定度引入	u_1	16 Hz	0.25%
			0.1～100 Hz	0.5%
2	标准振动套组加速度幅值稳定度引入	u_2	0.012%	
3	标准振动台体横向振动、安装参数(扭矩、电缆的固定等因素)引入	u_3	0.29%	
4	标准振动台体谐波失真度引入	u_4	0.11%	
5	标准振动台频率稳定度引入	u_5	0.012%	
6	标准振动台加速度测量不确定度引入	u_6	1.5%	
7	输出电压测量引入	u_7	0.058%	
8	测量重复性引入	u_8	0.032%	

合成标准不确定度：

$$u_c=\sqrt{u_1^2+u_2^2+u_3^2+u_4^2+u_5^2+u_6^2+u_7^2+u_8{}^2}\approx 1.56\%\quad(参考点\ 16\ \text{Hz})$$

$$u_c=\sqrt{u_1^2+u_2^2+u_3^2+u_4^2+u_5^2+u_6^2+u_7^2+u_8^2}\approx 1.61\%\quad(0.1\sim100\ \text{Hz})$$

6　扩展不确定度 U

取包含因子 $k=2$，取两位有效数字，得到其相对扩展不确定度：

$$U_{rel}=2\times1.56\%\approx3.1\%\quad(参考点\ 16\ \text{Hz})$$

$$U_{rel}=2\times1.63\%\approx3.3\%\quad(0.1\sim100\ \text{Hz})$$

第 8 章　水泥胶砂搅拌机计量技术解析

水泥胶砂搅拌机是水泥厂、建筑施工单位、有关专业院校及科研单位水泥实验室必备的设备之一。

第 1 节 《水泥胶砂搅拌机检定规程》[JJG(建材)102—1999]节选

本规程适用于新制造、使用中以及检修后的水泥胶砂搅拌机的检定。

1　概述

水泥胶砂搅拌机是按《水泥物理检验仪器胶砂搅拌机》(JC/T 722—1996)制造,用于按《水泥胶砂强度检验方法》(GB/T 177—1985)规定检定水泥强度时制备胶砂的专用设备。

2　技术要求

(1)水泥胶砂搅拌机应带有铭牌(铭牌的内容包括仪器名称、型号、出厂编号、出厂日期、制造厂等)、合格证和说明书。

(2)整机的油漆面应平整光亮、色调均匀。整机运转正常、传动齿轮无异常响声,锅和叶片转动平稳无明显跳动,无碰撞摩擦声。控制器安全可靠。

(3)搅拌锅作逆时针方向转动。负载条件下转速(65±3)r/min。

(4)搅拌叶作顺时针方向转动。负载条件下转速(137±6)r/min。

(5)搅拌机拌和一次时间:(180±5)s。

(6)锅内径:(195±1.0)mm,锅深度:(150±1.0)mm。

(7)锅壁厚:1.0~1.5 mm,使用中锅壁厚:≥0.90 mm。

(8)叶片宽度:新机 $129^{0}_{-0.3}$ mm,使用中:$129^{0}_{-1.8}$ mm。

(9)叶片工作部分截面 5 mm×7 mm,使用中截面不小于 4.5 mm×5.5 mm。

(10)叶片与锅底锅壁的间隙$1.5^{+0.2}_{-0.5}$ mm,使用中的间隙(1.5±0.5)mm。

3　检定条件和检定用标准器具

(1)搅拌机应保持清洁。检定时在无腐蚀气体的室内进行。

(2)秒表:分度值 0.1 s。

(3)深度游标卡尺:量程 200 mm,分度值 0.02 mm。

(4)游标卡尺:量程 300 mm,分度值 0.02 mm。

(5)测厚卡规或板厚千分尺:量程 50 mm,分度值 0.05 mm。

（6）1.0 mm、1.7 mm 和 2.0 mm 专用塞尺。

（7）转速表：测量范围 50～3 000 r/min，精度±1 r/min。

4　检定项目和检定方法

（1）技术要求中第（1）～（2）条用目测法、启动、关闭搅拌机方法检查整机运转是否正常。

（2）技术要求中第（3）～（4）条用目测法观察旋转方向，用转速表分别测定负载条件下搅拌锅、搅拌叶片的转速，分别测定两次，取两次算术平均值。

（3）技术要求中第（5）条用秒表测定从开机到停机的拌和时间，重复两次，取两次的算术平均值。

（4）技术要求中第（6）条用游标卡尺测量搅拌锅的内径，垂直方向各测一次。

（5）用深度游标卡尺测量锅深，重复两次。

（6）技术要求中第（7）条用测厚卡规或板厚千分尺测量锅壁厚度，上下两个部位分别测两次（不包括弧形部位），取算术平均值。

（7）技术要求中第（8）～（9）条叶片宽度及截面分别用游标卡尺测量四个不同点。

（8）技术要求中第（10）条用 1.0 mm、1.7 mm 和 2.0 mm 专用塞尺检测叶片与锅底、锅壁的间隙。

5　检定结果的处理和检定周期

（1）新搅拌机必须符合规程技术要求中第（1）～（10）条技术要求。

（2）使用中的搅拌机应符合技术要求中第（3）～（10）条技术要求。

（3）搅拌机检定周期为 1 年。

第 2 节　水泥辅助设备的原理、常见故障及其排除

1　振动台

振动台是用于制作骨料颗粒的干硬性混凝土制品的设备，分 $1\times1\ m^2$、$0.8\times0.8\ m^2$ 两种。它主要由台面底架及振动电机组成。工作时振动电机产生振动，使放在工作台面上的混凝土制品由于振动而振实成型。

（1）由于振动频繁导致紧固件易松动，因此发生噪声异常时，应该拔去电源，全面检查紧固零件，并拧紧松动零件，调换损坏零件。必要时检查振动电机内偏心块是否松动或零件损坏。

（2）不振动。多半是电源线接法不对，更换其中一对线头即可。有时是电机烧坏，更换电机即可。

2 振实台

振实台是用于水泥胶砂振实的设备。它主要由定位套、止动器、凸轮、凸面、台面、红外线计数装置组成。工作时由同步电机带动凸轮转动,使振动部件上升运动,升到定位自由落下,而产生振动使水泥胶砂在力的作用下振实。

2.1 落距超差

多数情况下放15.3 mm标准块时凸轮用手转动不能通过,此时取下突头,在其底部垫塞薄金属片。实际工作中,可改用厚度为一张普通A4纸、形状与突头一致的纸片一二张即可。

2.2 振动频率不准

(1)红外线计数装置位置不对,调整到正确位置(对准反光印)。

(2)电源不稳,增配一个稳压电源。

2.3 计数器不显示数字

传感器坏了或由于长期振动而接触不良,应更换传感器或重新接好传感器。

3 混凝土抗渗透仪

混凝土抗渗透仪是检测混凝土抵抗水或其他液体(轻油,重油等)介质在压力作用下渗透性能的专用设备。它由机架试模、水泵、压力容器、控制阀、压力表和电气控制等装置部分组成。工作时以电动机拖动水泵施压,通过管道与压力容器、控制阀、试模座等连接,压力由水泵输出进入压力容器,然后输送到各试件系统进行加载试验。管路中装有接点压力表和电气控制系统,通过对电接点压力表内的触点的电调节,可以使压力在0.1~4 MPa的规定范围内进行恒压试验。

3.1 密封面渗漏

(1)有杂物:冲刷和卸开清洗。

(2)已磨损:重新研磨或更换。

3.2 填料处渗漏

(1)填料处未压紧:拧紧压盖螺母。

(2)填料使用时间久而失效:更换新填料。

3.3 泵吸不上水

(1)进水阀压缩弹簧钢球力过大:拧下进水阀座,调整弹簧压紧力。

(2)钢球错位:解决方法同上。

4 水泥细度负压筛析仪

水泥细度负压筛析仪是测定水泥颗粒大小的专用设备。它主要由筛析仪和工业吸尘器、真空压力表、收尘筒组成。工作时整个系统保持负压状态,筛网里的待测精粉末料在旋转的喷气嘴喷出的气流作用下呈流状态,并随气流一起运动,其中粒径小于筛网孔径的细颗粒由气流带动通过筛网被抽走,而粒径大于筛网孔径的粗颗粒则留在筛网里从而达到筛分的目的。

4.1　密封程度差

橡胶密封圈老化、损坏，更换即可。

4.2　筛网堵塞

将筛网反置在筛析仪上，盖上筛盖进行反吸，空筛一段时间，再用刷子轻轻清刷，或者将真空源的吸管直接放在筛网正反面进行抽吸，同时用刷子清刷。若筛网堵塞现象严重，可先将筛网在水中浸一段时间，再进行刷洗。

4.3　负压上不去

多数原因是喷嘴堵塞，取下喷嘴用细钢锥掏掉喷嘴中的水泥积垢。

4.4　电机不转

多数原因是电机电刷磨损，更换原规格电刷即可。

5　水泥胶砂搅拌机

水泥胶砂搅拌机是搅拌水泥胶砂的专用设备。它主要由双速电机、加砂箱、传动箱、主轴、偏心座、搅拌叶、搅拌锅、底座、立柱、支座、程控器等组成。其中，双速电机通过联轴器将动力传给传动箱内的蜗杆，再经蜗轮及一对齿轮传给主轴并减速。主轴带动偏心座同步旋转，使固定在偏心座上的搅拌叶进行公转。同时，搅拌叶通过搅拌叶轴上端的行星齿轮围绕固定的齿轮圈完成自转运动，从而充分搅拌胶砂。

(1)搅拌叶与搅拌锅间隙超差。松开调节螺母，转动叶片使之上下移动到规定间隙后，再旋紧调节螺母。

(2)搅拌叶转数不准。

①程控器计数原件损坏，更换即可。

②电压太低，增加一个稳压器。

③传动箱内齿轮损坏，更换已坏齿轮即可。

(3)接通电源后电机转动后立即停止或不转动。

电源线地线未接或未接好，接好电源地线即可，否则多次开机后电机会烧坏。

6　水泥净浆搅拌机

水泥净浆搅拌机是把水泥和水混合后搅拌成均匀的试验用净浆，以供测定水泥标准稠度，凝结时间及制作安定性试块之用的专用设备。它主要由底座、立柱、减速箱、滑板、搅拌叶片、搅拌锅、双速电机等组成。工作时双速电机轴由连接法兰与减速箱内蜗杆轴连接，经蜗轮副减速便蜗轮轴带支行星定位套同步旋转，固定在行星定位套上偏心位置的叶片轴带动叶片公转。固定在叶片轴上端的行星齿轮围绕固定的内齿圈完成自转运动。双速电机经时间程控器控制自动完成一次慢—停—快转的规定工作程序。搅拌锅与滑板用偏心槽旋转锁紧。

(1)有金属撞击声。

搅拌叶片与搅拌锅之间的间隙不对。松开调节螺母，搅拌叶片，上下移动或松开电机与立柱减速箱、法兰与电动机连接的螺钉，左右前后移动。合格后拧紧调节螺母或螺钉。

(2)电动机发出低鸣声。电源线接法不对，差一相火，对调两根电源线即可。

(3)接通电源后电机转动并立即停止或不转动。

电源线地线未接或未接好,接好电源地线即可,否则多次开机后电机会烧坏。

7　标准振筛机

标准振筛机是对物料颗粒分级筛选的专用设备,由电动机、摆动架及偏心轴组成。其中,电动机通过传动轴、蜗轮副带动摆动架上的偏心轴旋转,从而又带动其他两个偏心轴回转,促使整个筛组做平面圆周摆动。同时,在同一电机带动另一对蜗轮通过凸轮以及顶杠装有筛组的摆动架,周期性地顶起,然后靠自重下落在机座的砧座上,使摆动架得到平面圆周摆动的同时振击。

7.1　只回转不振击

(1)凸轮磨损严重,更换凸轮。

(2)蜗轮齿磨损严重或折断,更换蜗轮。

7.2　只振击不回转

(1)偏心轴脱位,重新调整偏心轴。

(2)蜗轮齿磨损严重或折断,更换蜗轮。

(3)传动轴上的传动销脱位,调整安装好销子。

7.3　完全不运动

(1)电动机烧坏,更换新电机。

(2)电源线接法不对,更换其中一对电源线即可。

(3)蜗轮副卡死,调整蜗轮副位置。

7.4　振动次数不准

打开机外壳,调整中心轴可改变振动次数。

水泥主要检测设备有 300 kN 压力试验机、2 000 kN 压力试验机及电动抗折机 3 种,这里就不再分析。

第 3 节　水泥胶砂搅拌机转速示值误差测量值的不确定度评定

1　概述

(1)测量依据:《水泥胶砂搅拌机检定规程》(JJG 102—1999)。

(2)测试条件:温度(20±5)℃,相对湿度(40~80)%。

(3)测量标准:水泥软练设备测量仪 SZC-Ⅲ/JZ-10。

(4)测量范围:30~5 000 r/min,分度值 0.1 r/min。

(5)被测对象:水泥胶砂搅拌机叶片负载下逆时针转速(137±6)r/min。

(6)测量方法:在叶片上贴上黑色胶布,再在黑色胶布上贴上反光纸,直接用水泥软练设备测量仪测出叶片转速。

(7)评定结果的使用:在符合上述条件且测量范围在 30~5 000 r/min 的转速,一般可直接使用本不确定度的评定方法。

2　测量模型

水泥软练设备测量仪测量误差的测量模型为

$$\Delta N = N_1 - N_2$$

式中　ΔN——叶片转速测量结果的示值误差,r/min;

N_1——叶片转速测量值,r/min;

N_2——叶片转速,r/min。

叶片转速的测量值对测量误差的灵敏度系数 $c_1 = \dfrac{\partial \Delta N}{\partial N_1} = 1$。

叶片转速对测量误差的灵敏度系数 $c_2 = \dfrac{\partial \Delta N}{\partial N_2} = -1$。

3　输入量的标准不确定度评定

3.1　输入量 R_x 的标准不确定度 $u(R_x)$ 的评定

输入量 R_x 的标准不确定度 $u(R_x)$ 主要是水泥胶砂搅拌机转速测量不重复性引起的,可以通过连续测量得到测量列,采用 A 类方法进行评定。检测仪调节细度、显示灵敏度、人员读数视差引起的不确定度已包含在重复性条件下所得测量列的分散性中,故在此不另作分析。

对一台水泥胶砂搅拌机,连续进行 10 次快速负载重复性测量(每次测量均重新恢复到初始状态),所得数据如下:

135.5,138.0,136.9,140.8,137.6,138.2,138.9,132.6,133.8,137.9(单位为 r/min)。

$$\bar{x} = \frac{1}{n}\sum_{i=1}^{10} x_i = 137.02 (\text{r/min})$$

单次试验标准差:

$$s_R = \sqrt{\frac{\sum_{i=1}^{n}(x_i - \bar{x})^2}{n-1}} \approx 2.44 (\text{r/min})$$

测量值的标准不确定度:

$$u(R_x) = \frac{s_R}{\sqrt{n}} = \frac{2.44}{\sqrt{10}} \approx 0.77 (\text{r/min})$$

自由度:

$$v(R_x) = n - 1 = 9$$

3.2　输入量 R_s 的标准不确定度 $u(R_s)$ 的评定

输入量 R_s 的不确定度主要由检测仪误差引起,采用 B 类方法进行评定。

检测仪经上级计量部门检测后,符合其技术标准要求。其分度值为 0.1 r/min,水泥软练测量仪准确度等级为(0.5%±0.1)r/min,即允许误差限为(137×0.5%±0.1)r/min=(0.685±0.1)r/min,取0.785 r/min,在区间内可视为均匀分布,覆盖因子 $k(R_s)$ 取$\sqrt{3}$,标准不确定度为 $u(R_s)=\frac{0.785}{\sqrt{3}}\approx 0.45(\mathrm{r/min})$。

估计$\frac{\Delta u(R_s)}{u(R_s)}$为0.10,则自由度 $v(R_s)$ 为50。

4 合成标准不确定度的评定

4.1 标准不确定度汇总

输入量的标准不确定度汇总见表8-1。

表8-1 标准不确定度汇总

标准不确定度 $u(x_i)$	不确定度来源	标准不确定度/(r/min)	灵敏系数	$\mid c_i \mid \cdot u(R_i)$/(r/min)	v_i
$u(R_x)$	被检搅拌机的测量不确定度分量	0.77	1	0.77	9
$u(R_s)$	水泥软练检测系统不确定度分量	0.45	−1	0.45	50

4.2 合成标准不确定度的计算

输入量 R_x 与 R_s 彼此不独立不相关,所以合成标准不确定度可按下式得到:

$$u_c^2(\Delta R)=\left[\frac{\partial \Delta R}{\partial \Delta R_x}\cdot u(R_x)\right]^2+\left[\frac{\partial \Delta R}{\partial \Delta R_s}\cdot u(R_s)\right]^2=[c_1\cdot u(R_x)]^2+[c_2\cdot u(R_s)]^2$$

$$u_c(\Delta R)=\sqrt{0.77^2+0.45^2}\approx 0.89(\mathrm{r/min})$$

4.3 合成标准不确定度的有效自由度

$$v_{\mathrm{eff}}=\frac{u_c^4(\Delta R)}{\frac{[c_1\cdot u(R_x)]^4}{v(R_x)}+\frac{[c_1\cdot u(R_s)]^4}{v(R_s)}}\approx 16$$

5 扩展不确定度的评定

取置信概率 $P=95\%$, $v_{\mathrm{eff}}=16$,查 t 分布表得:

$$k_P=t_{95}(17)=2.11$$

扩展不确定度 U_{95} 为

$$U_{95}=t_{95}(17)u_c(\Delta R)=2.11\times 0.89=1.88(\mathrm{r/min})$$

6 测量不确定度的报告与表示

测量转速为137 r/min时,其示值误差测量值的扩展不确定度为

$$U_{95}=1.88\ \mathrm{r/min}, k=2.11$$

第9章　水泥净浆搅拌机计量技术解析

水泥净浆搅拌机是用于拌制水泥标准稠度净浆的专用设备，本章从规范、校准的常见问题和解决方法，以及不确定度评定方面进行解析。

第1节　《水泥净浆搅拌机校准规范》[JJF(建材)104—2021]节选

1　范围

本规范适用于水泥净浆搅拌机(以下简称搅拌机)的校准。

2　引用文件

本规范引用了下列文件：

《通用卡尺检定规程》(JJG 30)

《转速表检定规程》(JJG 105)

《秒表检定规程》(JJG 237)

《水泥净浆搅拌机》(JC/T 729)

凡是注日期的引用文件，仅注日期的版本适用于本规范；凡是不注日期的引用文件，其最新版本(包括所有的修改单)适用于本规范。

3　概述

水泥净浆搅拌机是将水泥净浆搅拌均匀的试验设备，主要由搅拌锅、搅拌叶片、传动机构和控制系统组成。

工作时，搅拌锅固定在搅拌机支座上不动，搅拌叶片在传动机构的带动下在搅拌锅内进行公转和自转，公转和自转旋转方向相反。

搅拌锅和搅拌叶片的形状示意见图9-1。

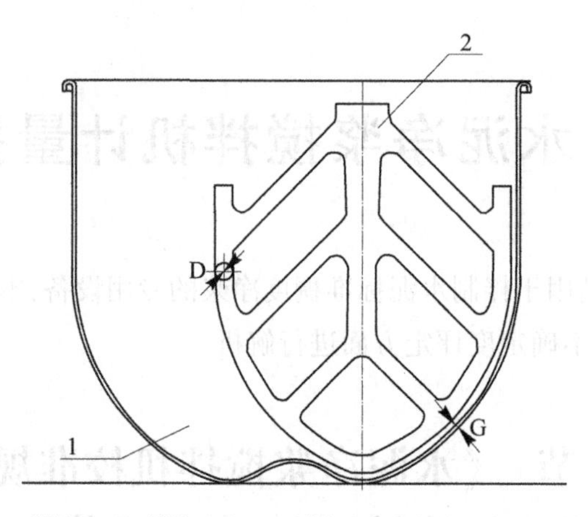

1—搅拌锅;2—搅拌叶片;D—搅拌叶翅直径;G—锅叶间隙。

图 9-1　搅拌锅和搅拌叶片的形状示意图

4　计量特性

搅拌机的计量特性见表 9-1。

表 9-1　搅拌机的计量特性

项目		要求
公转转速/(r/min)	低速	62±5
	高速	125±10
搅拌时间/s	低速时	120±1
	中停时	15±1
	高速时	120±1
搅拌叶叶翅直径/mm		$5_{0}^{+1.5}$
锅叶间隙/mm	叶片与锅壁	1~3
	叶片与锅底	

注:以上指标不适用于合格性判定,仅提供参考。

5　校准条件

5.1　环境条件

5.1.1　电源电压的波动范围不超过±10%。

5.1.2　室内温度应在(20 ±2)℃范围内,相对湿度大于 50%RH。

5.2　校准器具

5.2.1　按 JJG 30 检定合格的游标卡尺,量程 200 mm、分度值不低于 0.02 mm。

5.2.2　按 JJG 237 检定合格的秒表,量程不小于 900 s、分度值 0.1 s。

5.2.3　按 JJG 105 检定合格的反射式数字转速表,量程不小于 200 r/min、分度值不大于1 r/min。

5.2.4　辅助器具

ϕ1 mm 和 ϕ3 mm 的间隙棒,间隙棒直径允许偏差±0.06 mm。

5.3　**基本条件**

搅拌机应符合 JC/T 729 的技术要求,运行正常。

6　校准方法

6.1　公转转速

搅拌叶片公转转速可在负载也可在空载情况下检测,有争议时以负载为准。

检测前,在搅拌叶片公转轴上贴一块符合反光技术要求的反光片,用反射式数字转速表直接测定搅拌叶片公转速度。

检测时,通过手动控制程序启动搅拌机低速运行,用转速表检测低速转速,直至转速表显示速度稳定。转速表稳定显示的速度即为搅拌机搅拌叶片低速公转转速,结果精确至 1 r/min。然后通过手动控制程序启动搅拌机高速运行,用转速表检测高速转速,直至转速表显示速度稳定。转速表稳定显示的速度即为搅拌机搅拌叶片高速公转转速,结果精确至 1 r/min。

6.2　搅拌时间

用秒表检测。检测前将搅拌机搅拌程序设定为自动控制程序。

启动搅拌机,同时启动秒表计时,待低速搅拌停止时停止计时,计时时间为低速 120 s 的时间。依次分别检测中停 15 s、高速 120 s 的时间。结果精确至 0.1 s。

6.3　搅拌叶叶翅直径

用游标卡尺检测。在搅拌叶片曲线段两侧对称位置分别测定六点。测量结果以六点平均值表示,结果修约至 0.01 mm。

6.4　锅叶间隙

用游标卡尺检测 ϕ1 mm 和 ϕ3 mm 间隙棒的直径,间隙棒直径允许偏差±0.06 mm。

用 ϕ1 mm 和 ϕ3 mm 间隙棒检测锅叶间隙。检测时打开电机端盖,用手转动叶片带动搅拌叶片,使搅拌叶片平面处于与锅壁垂直的状态,在相互对称的 6 个位置用直径 ϕ1 mm 和 ϕ3 mm 间隙棒检查搅拌叶片与锅底、锅壁的间隙。当 1 mm 间隙棒不通过时,结果记为<1 mm;当 1 mm 间隙棒通过、3 mm 间隙棒不通过时,结果记为 1~3 mm;当 3 mm 间隙棒通过时,结果记为>3 mm。6 个位置均应在 1~3 mm。

7　校准结果表达

校准结果应在校准证书或校准报告上反映。校准证书或校准报告至少包括如下信息:

a)标题,如"校准证书"或"校准报告";

b)实验室名称和地址;

c)如果不在实验室内进行校准时,须说明进行校准的地点;

d)证书或报告的唯一性标识(如编码),每页及总页的标识;

e)送校单位的名称和地址;

f)搅拌机的描述和明确标识；

g)进行校准的日期，若与校准结果的有效性及应用有关时，应说明被校准对象的接收日期；

h)如果与校准结果的有效性及应用有关时，应对抽样程序进行说明；

i)对校准所依据的技术规范的标识，包括名称和代号；

j)本次校准所用测量标准的溯源性及有效性等说明；

k)校准环境的描述；

l)校准结果和测量不确定度的说明；

m)校准证书或校准报告签发人的签名、职务或等效标识，以及签发日期；

n)校准结果仅对被校对象有效的声明；

o)未经实验室书面批准，不得部分复制证书或报告的声明。

p)经校准的搅拌机，发给校准证书或校准报告，加盖校准印章。

8 复校时间间隔

搅拌机的复校时间间隔可根据具体使用情况由用户确定，建议复校时间间隔不超过1年。

第2节 水泥净浆搅拌机校准的常见问题及解决方法

水泥净浆搅拌机是用于拌制水泥标准稠度净浆的专用设备；将按标准规定的水泥和水混合后搅拌成均匀的试验用净浆，供测定水泥标准稠度、凝结时间及制作试块之用，是水泥厂、建筑施工单位、有关专业院校及科研单位水泥实验室不可缺少的设备之一。本节阐述水泥净浆搅拌机在实际校准中出现的问题及解决方法。

随着我国建筑与交通行业的蓬勃发展，水泥净浆搅拌机被广泛应用于市政工程、水利工程、楼房建设、房屋装修、通信工程等；水泥净浆搅拌机是水泥厂、建筑、交通施工单位、有关专业院校及科研单位水泥试验室的必备设备之一。水泥净浆搅拌机主要由搅拌锅、搅拌叶片、传动机构和控制系统组成。搅拌叶片在搅拌锅内做旋转方向相反地公转和自转，并可在竖直方向调节。搅拌锅可以升降，传动结构保证搅拌叶片按规定的方向和速度运转，控制系统具有按程序自动控制与手动控制两种功能。其工作原理：双速电动机轴由连接法兰与减速箱内蜗杆轴连接，经蜗轮副减速使蜗轮轴带动行星定位套同步旋转，固定在行星定位套上偏心位置的叶片轴带动叶片公转。固定在叶片轴上端的行星齿轮围绕固定的内齿圈完成自转运动。双速电机经时间控制器控制自动完成一次慢—停—快转的规定工作程序。

1 水泥净浆搅拌机的校准过程

将按标准规定制做的水泥和水混合后搅拌成均匀的试验用净浆，供测定水泥标准稠度、凝结时间及制作试块用。水泥净浆搅拌机校准过程中有以下技术要求：①公转。低速

(62±5)r/min,高速(125±10)r/min。②自转。低速(140±5)r/min,高速(285±20)r/min。③搅拌自动控制程序时间。慢速(120±3)s、停(15±1)s、快速(120±3)s。④搅拌锅尺寸。内径(160±1)mm;外径(139±2)mm;壁厚≥0.8 mm。⑤搅拌叶片尺寸。搅拌叶片总长(165±1)mm;搅拌叶片总宽112.5~111.0 mm;搅拌叶片翅外叶直径6.5~5.0 mm;搅拌有效长度(110±2)mm。⑥叶片与锅底、锅壁的间隙(2±1)mm。

2　校准过程中的问题以及解决方法

2.1　校准过程中的问题

搅拌叶片的自转速度是通过转速表直接测量搅拌叶片公转速度,然后按减速比计算出来的。但自转转速间接检测的方法存在诸多问题,例如减速比的计算还需要打开机箱直接计数行星机构齿圈和齿轮数,属于间接法,打开机箱直接计数完还需要进行安装,这种方法工作效率低,现场检测人员存在人身安全隐患。

水泥净浆搅拌机的搅拌叶与锅底、锅壁间隙是一个重要指标,间隙偏小必然会刮壁并发出刺耳的声音,同时减小搅拌叶片、搅拌锅的使用寿命;间隙过大,做出来的水泥稠度、凝结时间、安定性等试验数据不准确。因此,需要对搅拌叶与锅底、锅壁间隙进行检测。先切断电源,打开电机后盖,用手转动电机风叶带动搅拌叶片,使搅拌叶片平面处于与锅壁垂直的状态,在相互对称的6个ϕ1 mm和ϕ3 mm的钢丝检测叶片与锅底、锅壁的间隙,当ϕ1 mm的钢丝通过、ϕ3 mm的钢丝不通过,就算是满足检定规程要求。虽然满足要求的条件是ϕ1 mm的钢丝通过、ϕ3 mm的钢丝不通过,但是对钢丝没有相关的技术要求。

2.2　解决方法

2.2.1　测量自转转速

校准可在手动工作程序的空载或负载情况下进行,将感应材料贴在自转轴合适位置,将自转速度测量模块固定在公转轴偏心座上,并使自转速度测量模块对准自转轴上的感应材料,当搅拌机开始工作时,自转速度测量模块随公转轴一起转动并对搅拌机自转速度开始直接测量。自转速度测量模块可以由光电传感器、数据采集及接收模块等组成。这样既提高了水泥净浆搅拌机自转转速检测的准确度和检测效率,又可以保护检测人员的人身安全。

2.2.2　钢丝的技术要求

水泥净浆搅拌机在使用过程一般都是出现间隙过大的问题,有以下几种原因:

(1)使用中的搅拌叶片与锅磨损。搅拌叶片与锅长时间的使用导致搅拌叶片与搅拌锅磨损后外形尺寸不符合要求,从而使其之间的间隙偏大。

(2)内部的杠杆机构的转动连接轴定位偏移。由于频繁地抬起、放下手柄,抱紧转轴的六角螺丝、螺母松动,从而抬起时杠杆的仰角减小,最终使搅拌锅下落,导致间隙增大。目前,市场使用的净浆搅拌机转动连接轴都是光轴,只要时间长、摆动手柄过劲都会导致转动转轴定位偏移。因此,用钢丝检验尤为重要,参考水泥净浆搅拌机生产厂家的生产标准,ϕ1 mm钢丝和ϕ3 mm钢丝的技术要求为±0.10 mm,建议在今后相关规范中加入相应技术要求。因为水泥净浆搅拌机的搅拌叶与锅底、锅壁间隙过大是使用过程中常见的故障,其间隙是否符合对控制水泥的质量有重要影响。

随着社会经济的发展以及城市建设水平的不断提高，与房地产业高度相关的水泥净浆搅拌机行业受其影响深远，对水泥净浆搅拌机的使用也有相应的技术规范，这些都为水泥净浆搅拌机校准创造了良好的条件。《水泥净浆搅拌机校准规范》[JJF(建材)104—201]量值科学，合理溯源，对提高产品检测质量、促进产业发展具有重要意义。

第3节 水泥净浆搅拌机叶片转速示值误差测量结果的不确定度评定

1 测量依据

《水泥净浆搅拌机校准规范》[JJF(建材)104—2021]。

2 测量的环境条件

温度21 ℃，相对湿度75%。电源电压的波动不超过±10%。

3 测量标准

数字式转速测量仪：

转速测量仪的测量范围为50~3 000 r/min。

数字式转速测量仪的最大允许误差为±0.1 r/min。

被测对象及其主要性能：

根据《水泥标准稠度用水量、凝结时间、安定性检验方法》(GB/T 1346—2011)和《水泥净浆搅拌机》(JC/T 729—2005)的要求，水泥净浆搅拌机搅拌叶片高速与低速时的公转速度必须符合表9-2的要求。

表9-2 搅拌机搅拌叶片转速计量特征

搅拌速度	公转速度/(r/min)
低速	62±5
高速	125±10

4 测量过程

在规定的测量条件下，在搅拌叶片公转轴上贴一块黑色胶布，再在黑色胶布上贴反光片，用数字式转速表直接测定搅拌叶片公转转速。

5 数学模型和灵敏系数

数字式转速测量仪测量误差的数学模型为

$$\Delta X = X - X_m$$

式中　ΔX——搅拌机叶片转速测量结果的示值误差,r/min;

X——搅拌机叶片转速的测量值,r/min;

X_{m}——搅拌机叶片转速的标准值,r/min。

搅拌机叶片转速的测量值对测量误差的灵敏系数为

$$c_1=\frac{\partial \Delta X}{\partial \Delta X}=1$$

搅拌机叶片转速标准值对测量误差的灵敏系数为

$$c_2=\frac{\partial \Delta X}{\partial \Delta X_{\mathrm{m}}}=-1$$

6　输入量的标准不确定度评定(以高速挡公转为例)

6.1　由被测搅拌机叶片转速引入的标准不确定度分量 $u_1(X)$

被测搅拌机叶片转速引入的标准不确定度主要是由搅拌机叶片转速测量结果重复性引起的误差,环境温度影响可忽略。用转速测量仪在重复性条件下对该搅拌机叶片转速进行10次测量,取平均值作为测量结果,标准不确定度A类可以用标准差来评估。

本次在重复性条件下对该搅拌机叶片转速连续测量10次,得到的测量数据如表9-3所示。

表9-3　重复性测量数据

序号	1	2	3	4	5	6	7	8	9	10
读数/(r/min)	124.2	123.8	123.4	124.5	123.8	123.7	124.3	123.6	123.7	124.3

按照贝塞尔公式计算得

$$s=\sqrt{\frac{\sum(X_i-\overline{X})^2}{n-1}}\approx 0.37(\mathrm{r/min})$$

式中　X_i——第 i 次测量结果;

$\overline{X}$——10次测量结果的算术平均值;

s——单次试验标准差。

所以,算术平均值测量结果 $\overline{X}=123.93$ r/min,且 $s\approx 0.37$ r/min,自由度 $v=n-1=9$,$u_1(X)$ 由观测统计分析获得,为A类评定,标准不确定度为

$$u_1(X)=\frac{s}{\sqrt{10}}\approx 0.12(\mathrm{r/min})$$

6.2　由标准器数字式转速测量仪误差引入的标准不确定度分量 $u_2(X_{\mathrm{m}})$

$u_2(X_{\mathrm{m}})$ 主要来源于转速测量仪的误差,采用B类评定方法进行评定。根据转速测量仪检定证书中的信息,数字式转速测量仪的不确定度区间为[-0.1,+0.1],可认为输入量 X 在[-0.1,+0.1]区间内服从均匀分布,包含因子 $k_p=3$,所以

$$u_2(X_m) = \frac{0.1}{\sqrt{3}} \approx 0.06(\text{r/min})$$

7　合成标准不确定度

标准不确定度如表 9-4 所示。

表 9-4　标准不确定度

标准不确定度分量		标准不确定度值	灵敏系数
$u_1(X)$	被测搅拌机叶片转速引入的不确定度	0.12	1
$u_2(X_m)$	转速测量仪误差引入的不确定度	0.06	-1

合成标准不确定度的计算：

$$u_c^2(\Delta x) = [c_1 \times u_1(X)]^2 + [c_2 \times u_2(X_m)]^2 = 0.018$$

$$u_c = 0.14$$

8　测量不确定度报告

取 $k=2$，水泥净浆搅拌机叶片转速示值误差测量结果的扩展不确定度为

$$V = 0.28\ \text{r/min}, k = 2$$

第 10 章　行星式胶砂搅拌机计量技术解析

第 1 节　《行星式胶砂搅拌机校准规范》［JJF(建材)123—2021］

1　范围

本规范适用于行星式水泥胶砂搅拌机(以下简称搅拌机)的校准。

2　引用文件

本规范引用了下列文件：

《通用卡尺检定规程》(JJG 30)

《转速表检定规程》(JJG 105)

《秒表检定规程》(JJG 237)

《行星式水泥胶砂搅拌机》(JC/T 681)

凡是注日期的引用文件，仅注日期的版本适用于本规范；凡是不注日期的引用文件，其最新版本(包括所有的修改单)适用于本规范。

3　概述

水泥净浆搅拌机是将水泥净浆搅拌均匀的试验设备，主要由搅拌锅、搅拌叶片、传动机构和控制系统组成。

工作时，搅拌锅固定在搅拌机机架上不动，搅拌叶片在传动机构的带动下在搅拌锅内进行公转和自转，公转和自转旋转方向相反。

搅拌锅和搅拌叶片的形状示意见图 10-1。

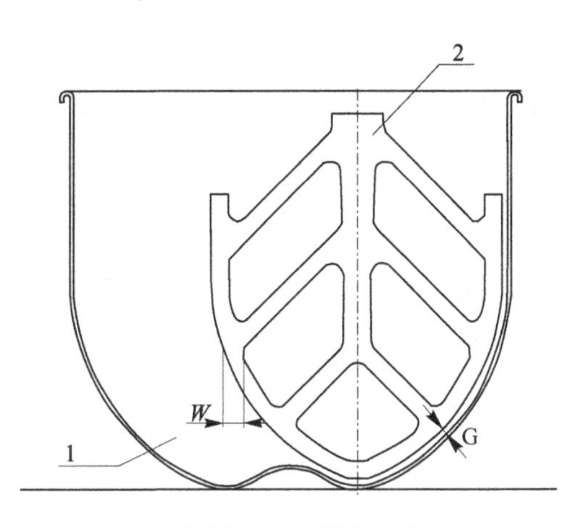

1—搅拌锅；2—搅拌叶片；

W—搅拌叶叶翅宽度；G—锅叶间隙。

图 10-1　搅拌锅和搅拌叶片的形状示意图

4 计量特性

搅拌机的计量特性见表10-1。

表10-1 搅拌机的计量特性

<table>
<tr><th colspan="2">项目</th><th>要求</th></tr>
<tr><td rowspan="2">公转转速/(r/min)</td><td>低速</td><td>62±2</td></tr>
<tr><td>高速</td><td>125±3</td></tr>
<tr><td rowspan="5">搅拌时间/s</td><td>低速时</td><td>30±1</td></tr>
<tr><td>再低速时</td><td>30±1</td></tr>
<tr><td>高速时</td><td>30±1</td></tr>
<tr><td>中停时</td><td>90±1</td></tr>
<tr><td>高速时</td><td>60±1</td></tr>
<tr><td colspan="2">搅拌叶叶翅宽度/mm</td><td>8±1</td></tr>
<tr><td rowspan="2">锅叶间隙/mm</td><td>叶片与锅壁</td><td rowspan="2">2~4</td></tr>
<tr><td>叶片与锅底</td></tr>
</table>

注:以上指标不适用于合格性判定,仅提供参考。

5 校准条件

5.1 环境条件

5.1.1 电源电压的波动范围不超过±10%。

5.1.2 室内温度应在(20 ±2)℃范围内,相对湿度大于50%RH。

5.2 校准器具

5.2.1 按JJG 30检定合格的游标卡尺,量程为200 mm、分度值不低于0.02 mm。

5.2.2 按JJG 237检定合格的秒表,量程不小于900 s、分度值0.1 s。

5.2.3 按JJG 105检定合格的反射式数字转速表,量程不小于200 r/min、分度值不大于0.1 r/min。

5.2.4 辅助器具:ϕ2 mm和ϕ4 mm的间隙棒,间隙棒直径允许偏差±0.06 mm。

5.3 基本条件

搅拌机应符合JC/T 681的技术要求,运行正常。

6 校准方法

6.1 公转转速

搅拌叶片公转转速可在负载也可在空载情况下检测,有争议时以负载为准。

检测前,在搅拌叶片公转轴上贴一块符合反光技术要求的反光片,用反射式数字转速表直接测定搅拌叶片公转速度。

检测时,通过手动控制程序启动搅拌机低速运行,用转速表检测低速转速,直至转速表显示速度稳定。转速表稳定显示的速度即为搅拌机搅拌叶片低速公转转速,结果精确至0.1 r/min。然后通过手动控制程序启动搅拌机高速运行,用转速表检测高速转速,直至转速表显示速度稳定。转速表稳定显示的速度即为搅拌机搅拌叶片高速公转转速,结果精确至0.1 r/min。

6.2 搅拌时间

用秒表检测。检测前将搅拌机搅拌程序设定为自动控制程序。

启动搅拌机,同时启动秒表计时,待加砂阀打开时停止计时,计时时间为低速30 s的时间。依次分别检测在低速30 s、高速30 s、中停90 s、高速60 s的时间。结果精确至0.1 s。

6.3 搅拌叶叶翅宽度

用游标卡尺检测。在搅拌叶片曲线段两侧对称位置分别测定六点。测量结果以六点平均值表示,结果修约至0.01 mm。

6.4 锅叶间隙

用游标卡尺检测ϕ2 mm和ϕ4 mm间隙棒的直径,间隙棒直径允许偏差±0.06 mm。

用ϕ2 mm和ϕ4 mm间隙棒检测锅叶间隙。检测时,打开搅拌机顶盖,用手转动皮带轮带动搅拌叶片,使搅拌叶片平面处于与锅壁垂直的状态,在相互对称的6个位置用直径ϕ2 mm和ϕ4 mm间隙棒检查搅拌叶片与锅底、锅壁的间隙。当ϕ2 mm间隙棒不通过时,结果记为<2 mm;当ϕ2 mm间隙棒通过、ϕ4 mm间隙棒不通过时,结果记为2~4 mm;当ϕ4 mm间隙棒通过时,结果记为>4 mm。6个位置均应在2~4 mm范围内。

7 校准结果表达

校准结果应在校准证书或校准报告上反映。校准证书或校准报告至少包括以下信息:

a)标题,如“校准证书”或“校准报告”;

b)实验室名称和地址;

c)如果不在实验室内进行校准时,须说明进行校准的地点;

d)证书或报告的唯一性标识(如编码),每页及总页的标识;

e)送检单位的名称和地址;

f)搅拌机的描述和明确标识;

g)进行校准的日期,若与校准结果的有效性及应用有关时,应说明被校准对象的接收日期;

h)如果与校准结果的有效性及应用有关时,应对抽样程序进行说明;

i)对校准所依据的技术规范的标识,包括名称和代号;

j)本次校准所用测量标准的溯源性及有效性等说明;

k)校准环境的描述;

l)校准结果和测量不确定度的说明;

m)校准证书或校准报告签发人的签名、职务或等效标识,以及签发日期;

n)校准结果仅对被校对象有效的声明;

o)未经实验室书面批准,不得部分复制证书或报告的声明。

p) 经校准的搅拌机,发给校准证书或校准报告,加盖校准印章。

8 复校时间间隔

搅拌机的复校时间间隔可根据具体使用情况由用户确定,建议复校时间间隔不超过1年。

第2节 行星式胶砂搅拌机测量结果的不确定度评定

1 概述

1.1 评定依据

《行星式胶砂搅拌机校准规范》[JJF(建材)123—2021]、《测量不确定度评定与表示》(JJF 1059.1—2012)。

1.2 环境条件

实验室内应保持清洁,无腐蚀性气体,电源电压的波动不超过±10%。温度(20±2)℃,相对湿度不超过50%RH。

1.3 测量标准设备

水泥软练设备测量仪,测量范围为30~5 000 r/min,最大允许误差为±0.5%;时间测量范围为1~999.9 s,最大允许误差±0.1 s。

游标卡尺,测量范围为2~200 mm,最大允许误差为±0.02 mm。

2 测量不确定度评定

2.1 被测对象

行星式胶砂搅拌机。

2.2 测量方法

(1)转速和时间测量:采用光电法将转速探头与主机连接好,并将其放在支架上,将被测旋转体局部用黑色物体遮挡,将反光贴贴在黑色物体中心处,反光片的尺寸应依照转动体外径尺寸而定,测出转速。自开始转动到停止测量转动的时间。

(2)搅拌锅尺寸测量:采用游标卡尺直接测量法测量搅拌锅尺寸。

2.3 数学模型

由于行星式水泥胶砂搅拌机技术要求由多项参数组成,故选用以下模型。

搅拌叶片公转速度快时:

$$\delta = n$$

式中 n ——水泥软练测量仪转速部分的读数值,r/min。

搅拌叶片公转速度慢时: $\delta = n'$

式中 n' ——水泥软练测量仪转速部分的读数值,r/min。

自开始转动到停止测量转动的时间:

$$\delta_t = t$$

式中　δ_t——被测行星式水泥胶砂搅拌机搅拌叶片公转时间测量结果，s；

t——水泥软练测量仪时间部分的读数值，s。

$$\delta_\phi = \phi$$

式中　δ_ϕ——被测行星式水泥胶砂搅拌机搅拌锅尺寸测量结果，mm；

ϕ——游标卡尺的读数值，mm。

2.4　标准不确定度的评定

2.4.1　标准器测量叶片公转速度快引起的测量不确定度 u_n

叶片公转速度快时应符合(125±10) r/min，取 125 r/min，标准器不确定度为 0.5%，其引入的标准不确定度采用 B 类方法评定：

$$u_n = 125 \times 0.5\%/1.732 \approx 0.361(\mathrm{r/min})$$

2.4.2　标准器测量叶片公转速度慢引起的测量不确定度 u_n'

叶片公转速度慢应符合(65±5) r/min，取 62 r/min，标准器不确定度为 0.5%，引入的标准不确定度采用 B 类方法评定：

$$u_n' = 62 \times 0.5\%/1.732 \approx 0.179(\mathrm{r/min})$$

2.4.3　标准器测量时间引起的不确定度 u_t

时间部分最大允许误差为±0.1 s，其符合正态分布，$k=3$，则

$$u_t = \frac{0.1}{3} \approx 0.033(\mathrm{s})$$

2.4.4　游标卡尺不确定度 u_ϕ

游标卡尺示值误差为±0.02 mm，符合正态分布，$k=3$，则

$$u_\phi = \frac{0.02}{3} \approx 0.006\,7(\mathrm{mm})$$

对 JJ-5 型行星式胶砂搅拌机公转慢转转速、公转快转转速、时间及搅拌锅的内径尺寸进行测量，上述技术参数均进行 8 次重复测量，采用 A 类评定。

(1)公转速度快时的测量结果如下：

122.8 r/min、122.7 r/min、122.7 r/min、122.8 r/min、122.8 r/min、122.7 r/min、123.0 r/min、122.7 r/min。

$$\bar{n} = 122.775(\mathrm{r/min})$$

$$s = \sqrt{\frac{\sum_{i=1}^{m}(n_i - \bar{n})^2}{m-1}} \approx 0.10(\mathrm{r/min})$$

单次测量标准偏差 $s = 0.10$ r/min。

(2)公转速度慢时的测量结果如下：

62.1 r/min、62.0 r/min、62.0 r/min、61.9 r/min、62.0 r/min、62.2 r/min、62.1 r/min、62.3 r/min。

$$\bar{n}' = 62.075(\mathrm{r/min})$$

$$s=\sqrt{\frac{\sum_{i=1}^{m'}(n'_i-\bar{n}')^2}{m'-1}}\approx 0.13(\mathrm{r/min})$$

单次测量标准偏差 $s=0.13$ r/min。

(3)测量时间结果如下：

60 s、60 s、60 s、60.2 s、60.2 s、60.3 s、60.1 s、60.2 s。

$$\bar{t}=60.125(\mathrm{s})$$

$$s=\sqrt{\frac{\sum_{i=1}^{n}(t_i-\bar{t})^2}{n-1}}\approx 0.12(\mathrm{s})$$

单次测量标准偏差 $s=0.12$ s。

(4)搅拌锅内径尺寸测量结果如下：

202.8 mm、202.8 mm、202.8 mm、202.6 mm、202.6 mm、202.7 mm、202.8 mm、202.7 mm。

$$\bar{\phi}=202.725(\mathrm{mm})$$

$$s=\sqrt{\frac{\sum_{i=1}^{n}(\phi_i-\bar{\phi})^2}{n-1}}\approx 0.09(\mathrm{mm})$$

单次测量标准偏差 $s=0.09$ m。

2.5 合成标准不确定度的评定

上述技术参数均相互独立，灵敏系数 $c_i=1$，合成标准不确定度如下。

(1)叶片公转快速合成标准不确定度：

$$u_{cn}^2=u_n^2+u_{n1}^2$$

$$u'_{cn}=\sqrt{0.361^2+0.10^2}\approx 0.37(\mathrm{r/min})$$

(2)叶片公转慢速合成标准不确定度：

$$u_{cn'}^2=u_{n'}^2+u_{n'1}^2$$

$$u_{cn'}=\sqrt{0.179^2+0.13^2}\approx 0.22(\mathrm{r/min})$$

(3)公转快转速测量转动时间合成标准不确定度：

$$u_{ct}^2=u_t^2+u_{t1}^2$$

$$u_{ct}=\sqrt{0.033^2+0.12^2}\approx 0.12(\mathrm{s})$$

(4)搅拌锅的内径尺寸合成标准不确定度：

$$u_{c\phi}^2=u_\phi^2+u_{\phi 1}^2$$

$$u_{c\phi}=\sqrt{0.006\,7^2+0.09^2}\approx 0.09(\mathrm{mm})$$

2.6 扩展不确定度的评定

(1)叶片公转快速：

$$u_n=k\times u_{cn}=2\times 0.37=0.74(\mathrm{r/min})$$

(2)叶片公转慢速：

$$u_{n'}=k\times u_{cn'}=2\times0.22=0.44(\mathrm{r/min})$$

(3)公转快转测量转动时间：

$$u_t=k\times u_{ct}=2\times0.12=0.24(\mathrm{s})$$

(4)搅拌锅内径：

$$u_\phi=k\times u_{c\phi}=2\times0.09=0.18(\mathrm{mm})$$

第 11 章　机动车发动机转速测量仪计量技术解析

振动转速分析仪是和汽车尾气排放分析仪配套使用的，是在汽车发动机正常运转时测量发动机的转速，帮助汽车尾气排放分析仪对汽车排放的尾气进行检测、分析，从而判断汽车发动机是否工作正常并帮助判断排出的有害气体是否超出标准的一种仪器，是控制汽车尾气排放污染的有效工具。这种仪器的质量、性能和推广使用情况直接影响着对尾气排放超标汽车进行检查的效率和效果，关系着我国治理城市大气污染工作的进度和效果。因此，各类用户如汽车生产厂家、政府环保部门、交通部门、公安交管部门和汽车维修企业等都十分需要符合政府法规要求的仪器。

第 1 节　《机动车发动机转速测量仪校准规范》(JJF 1375—2012)节选

1　范围

本规范适用于点燃式发动机高压点火脉冲感应式、汽车电瓶充放电电压脉动式、压燃式发动机高压喷油及发动机振动感应式发动机转速测量仪(以下简称转速测量仪)的校准。

2　引用文件

本规范引用了下列文件：

《电流表、电压表、功率表及电阻表》(JJG 124—2005)

《车用压燃式发动机和压燃式发动机汽车排气烟度排放限值及测量方法》(GB 3847—2005)

《点燃式发动机汽车排气污染物排放限值及测量方法(双怠速法及简易工况法)》(GB 18285—2005)

3　术语和计量单位

3.1　脉冲转速比

点燃式发动机在不同冲程和缸数时，每一缸线产生的高压脉冲数与发动机转速之比值，一般用符号 P/R 表示。

3.2　指针摆动量

当转速测量仪校准装置输出稳定转速时，指针式转速测量仪的指针没有稳定在某一转速值上,而是在一定范围内摆动。指针摆动的最大值、最小值之差与标准转速值的比值。

4　概述

转速测量仪按测量原理分可分为高压点火脉冲感应、汽车电瓶充放电电压脉动、高压喷油及发动机振动感应式等几种形式。

高压点火脉冲感应式转速测量仪是通过传感器感应点燃式发动机点火线圈的高压点火脉冲频率测量发动机转速。它由感应线圈、信号处理系统、显示装置等组成,用于测量点燃式发动机转速。

汽车电瓶充放电电压脉动式转速测量仪是通过检测车辆发动机转动时对电瓶充电电压的脉动频率测量发动机转速。它由电压脉动感应传感器、信号处理系统、显示装置等组成,用于测量点燃式发动机或压燃式发动机转速。

高压喷油及发动机振动感应式转速测量仪是通过固定在压燃式发动机高压喷油管上或贴附在机动车发动机机壳上传感器感应发动机振动频率测量发动机转速。它由振动感应传感器、信号处理系统、显示装置等组成,用于测量压燃式发动机或点燃式发动机转速。

转速测量仪按显示方式可分为指针式转速测量仪和数字显示转速测量仪两类。

5　计量特性

5.1　测量范围

测量范围:500~6 000 r/min。

注:对高压点火脉冲感应式转速测量仪,指的是 $P/R=1$ 时的转速范围。

5.2　示值误差

指针式:±1.5%。

数字显示式:±1.0%。

5.3　示值重复性

指针式:1.0%。

数字显示式:0.5%。

5.4　指针式转速测量仪的指针摆动量

指针摆动量应不大于1.0%。

5.5　转速测量仪的示值稳定时间

示值稳定时间一般不大于5 s。

5.6　输出电压的线性误差

对有电压输出功能的转速测量仪,其输出电压线性误差一般不大于5%。

注:以上指标不适用于合格性判别,仅供参考。

6　校准条件

6.1　环境条件

6.1.1　环境温度:0~40 ℃。

6.1.2 环境相对湿度:不大于85%。

6.1.3 校准应在周围的污染、振动、电磁干扰对校准结果无影响的环境下进行。

6.2 测量标准及其他设备

测量标准及其他设备见表11-1。

表11-1 测量标准及其他设备

设备名称	主要技术指标
转速测量仪校准装置	测量范围:500~6 000 r/min,最大允许误差:±0.2%
直流数字电压表	测量范围:10~1 000mV,准确度等级:1.0 级
秒表	分辨力不大于0.1 s

7 校准项目和校准方法

7.1 测量范围与示值误差

7.1.1 测量范围

如图11-1所示,根据转速测量仪测量原理选择对应转速测量仪校准装置,对转速测量仪进行校准。当转速测量仪校准装置的标准转速从500 r/min逐步调至6 000 r/min时,观察转速测量仪显示值的测量范围。

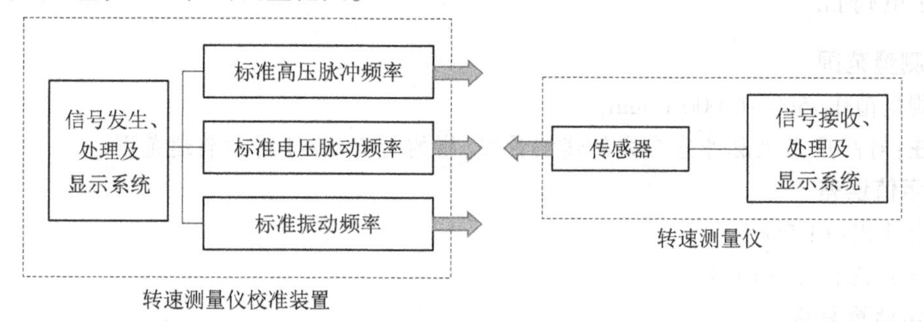

图11-1 转速测量仪校准方法示意图

7.1.2 示值误差

在7.1.1的基础上,对转速测量仪进行示值误差校准。校准点一般选取500~6 000 r/min整个测量范围均匀分布的五个点。

每一校准点重复测量3次,按式(11-1)计算各校准点示值误差。

$$\delta_{ni}=\frac{\eta\times\bar{n}_i-n_{0i}}{n_{0i}}\times100\% \tag{11-1}$$

式中 δ_{ni}——第i校准点(i=1,2,3,4,5)转速表示值误差,%;

η——脉冲转速比,高压点火脉冲感应式转速测量仪为P/R,其他转速测量仪为1;

$\bar{n}_i$——第i校准点转速测量仪3次测量示值的平均值, r/min;

n_{0i}——第i校准点转速测量仪校准装置的标准转速, r/min。

7.2 示值重复性

在转速测量仪示值误差校准的基础上,按式(11-2)计算示值重复性。

$$R_i=\frac{\eta\cdot(n_{i\max}-n_{i\min})}{n_{0i}}\times 100\% \tag{11-2}$$

式中　R_i——第 i 校准点转速测量仪的示值重复性，%；

$n_{i\max}$——第 i 校准点转速测量仪 3 次测量示值中的最大值，r/min；

$n_{i\min}$——第 i 校准点转速测量仪 3 次测量示值中的最小值，r/min。

7.3　指针式测量仪的指针摆动量

选择转速测量仪校准装置输出标准转速值 1 000 r/min、3 000 r/min、5 000 r/min，观察指针式测量仪的指针摆动量。按式(11-3)计算指针摆动量。

$$\xi_j=\frac{n_{j\max}-n_{j\min}}{n_{0j}}\times 100\% \tag{11-3}$$

式中　ξ_j——第 j 校准点($j=1,2,3$)指针式测量仪的指针摆动量，%；

$n_{j\max}$——第 j 校准点指针式测量仪指针摆动至最大值，r/min；

$n_{j\min}$——第 j 校准点指针式测量仪指针摆动至最小值，r/min；

n_{0j}——第 j 校准点转速测量仪校准装置输出标准转速值，r/min。

7.4　转速测量仪的示值稳定时间

在转速测量仪校准装置与转速测量仪正确连接好后，启动转速测量仪校准装置输出标准转速，并同时按下秒表计时。观察转速测量仪的示值稳定瞬间，停止秒表计时，记录示值稳定时间。

7.5　输出电压的线性误差

对带有相应电压输出端口的转速测量仪，应校准其输出电压的线性误差。

按图 11-1 所示，将被校转速测量仪与转速测量仪校准装置相连接，并将直流数字电压表输入端接在转速测量仪的电压输出端口上。在标准转速分别为 1 000 r/min、2 000 r/min、3 000 r/min、4 000 r/min、5 000 r/min、6 000 r/min 时读取相应的输出电压值。运用最小二乘法估计一元线性方程 $y=ax+b$ 的参数 a 和 b。a 为样本回归直线的斜率，又称回归系数；b 为样本回归直线 y 的截距。

根据计算所得参数 a 和 b，计算各测量点输出电压线性值 $Y_k=ax_k+b$。按式(11-4)计算各测量点的输出电压线性误差 δy_k。

$$\delta_{y_k}=\frac{|y_k-Y_k|}{Y_k}\times 100\% \tag{11-4}$$

式中　δ_{y_k}——第 k 转速测量点($k=1,2,3,4,5,6$)输出电压线性误差，%；

y_k——第 k 转速测量点实际测得输出电压值，mV；

Y_k——根据最小二乘法确定回归直线方程，计算得到第 k 转速测量点的输出电压线性值，mV。

8　校准结果的表达

转速测量仪经校准后出具校准证书。

9　复校时间间隔

转速测量仪复校时间间隔建议为 1 年。由于复校时间间隔的长短是由仪器的使用情况、使用者、仪器本身质量等诸因素所决定的，因此送校单位可根据实际使用情况自主决定复校时间间隔。

第2节 《机动车发动机转速测量仪校准规范》（JJF 1375—2012）解读

1 编写背景

近十几年来，由于我国经济建设的迅速发展，新工艺、新技术、新产品不断涌现，大大地促进了汽车工业的发展，随着汽车数量的增多，汽车尾气排放成为重点监控目标。振动转速分析仪是和汽车尾气排放分析仪配套使用的，是在汽车发动机正常运转时测量发动机的转速，帮助汽车尾气排放分析仪对汽车排放的尾气进行检测、分析，从而判断汽车发动机是否工作正常并帮助判断排出的有害气体是否超出标准的一种仪器，是控制汽车尾气排放污染的有效工具。《机动车发动机转速测量仪校准规范》（JJF 1375—2012）在新经济发展形势下，完全适应各行各业的市场需要，用于测定机动车发动机转速测量仪的转速。

2 主要内容解析

对《机动车发动机转速测量仪校准规范》（JJF 1375—2012）的适用范围、计量性能、环境条件、校准用设备、校准项目、校准要求和校准周期等几个方面进行解读，让读者对该校准规范能够深入理解。

2.1 关于适用范围

关于适用范围的描述是：本规范适用于点燃式发动机高压点火脉冲感应式、汽车电瓶充放电电压脉动式、压燃式发动机高压喷油及发动机振动感应式发动机转速测量仪的校准。

转速测量仪按测量原理可分为：点燃式发动机高压点火脉冲感应式转速测量仪、汽车电瓶充放电电压脉动式转速测量仪、压燃式发动机高压喷油式转速测量仪及发动机振动感应式转速测量仪等。

按显示形式可分为：指针式转速测量仪和数显式转速测量仪。具体测量原理详见规范。

2.2 关于引用文件

引用文件为《机动车发动机转速测量仪校准规范》（JJF 1375—2012），具体参考标准，详见规范。

2.3 关于计量特性

（1）分别对指针式和数显式转速测量仪的测量范围进行明确规定：500～6 000 r/min。

（2）示值误差与示值重复性的表达科学、简明，指针式转速测量仪示值误差：±1.5%，数字显示转速测量仪示值误差：±1.0%；指针式转速测量仪示值重复性：1.0%，数字显示转速测量仪示值重复性:0.5%。

(3)指针式转速测量仪指针摆动量应不大于 1.0%。

(4)转速测量仪示值稳定时间不大于 5 s。

(5)对有电压输出功能的转速测量仪的输出电压线性误差不大于 5%。

2.4　关于环境条件

(1)校准过程中,环境温度为 0~40 ℃,相对湿度不大于 85%。

(2)标准时周围无噪声、振动以及其他干扰源等。

2.5　关于计量器具控制

(1)环境条件。

校准过程中,环境温度为 0~40℃,相对湿度不大于 85%;周围无噪声、振动以及干扰源等。

(2)校准用设备。

转速测量仪校准装置的测量范围 500~6 000 r/min,最大允许误差:±0.2%;直流数字电压表的测量范围 10~1 000 mV,准确度等级:1.0 级;秒表,分辨力不大于 0.1 s。

(3)测量范围。

将转速测量仪校准装置的标准转速从 500 r/min 逐步调至 6 000 r/min,观察转速测量仪的测量范围,并记录。

(4)示值误差。

计算示值误差的校准点一般选取在测量范围 500~6 000 r/min 之内,并在测量范围内选取不少于五个点,且在量程范围内均匀选取。在校准的过程当中,每个校准点重复测量 3 次,计算公式按式(11-1)计算。

(5)示值重复性。

在校准的示值误差的基础上,按式(11-2)计算示值重复性。

(6)指针式转速测量仪的指针摆动量。

选择转速测量仪校准装置输出校准转速值 1 000 r/min、3 000 r/min、5 000 r/min,观察指针式转速测量仪的指针摆动量,并按式(11-3)进行计算。

(7)转速测量仪的示值稳定时间。

被校设备与校准装置连接完毕后,启动并输出标准转速的同时按下秒表,并记录稳定时间。

3　校准方法的规定

规范在转速测量仪校准时规定如下:

(1)在整个测量范围内不少于五个点。

(2)校准点均匀分布,并重复 3 次测量。

4　关于校准周期

明确了校准复校时间间隔为 1 年。

第 3 节　机动车发动机转速测量仪的不确定度评定

1　概述

1.1　检定依据

国家计量校准规范《机动车发动机转速测量仪校准规范》(JJF 1375—2012)。

1.2　环境条件

室温 0~40 ℃。

1.3　测量标准

转速测量仪校准装置,测量范围 500~6 000r/min,最大允许误差:±0.2%。

1.4　被测对象

转速分析仪。

1.5　数学模型

被校转速分析仪的示值误差由下式得到:

$$e = r_1 - r_2 \tag{11-5}$$

式中　r_1——转速分析仪的示值;

　　　r_2——转速分析仪校准装置的标准示值。

1.6　方差和灵敏系数

(1)方差:

$$u^2(e) = c_1^2 u^2(r_1) + c_2^2 u^2(r_2) \tag{11-6}$$

式中　$u(r_1)$——转速分析仪示值的不确定度分量;

　　　$u(r_2)$——转速分析仪校准装置的标准不确定度。

(2)灵敏系数:

$$c_1 = \frac{\partial e}{\partial r_1} = 1$$

$$c_2 = \frac{\partial e}{\partial r_2} = -1$$

2　标准不确定度分量的评定

以 1 500 r/min 校准点为例。

2.1　转速分析仪测量示值引起的不确定度分量 u_1

根据《机动车发动机转速测量仪校准规范》(JJF 1375—2012),转速是转速分析仪的主要技术指标,由校准装置对转速分析仪进行测量,得如表 11-2 所示的数据。

表 11-2　转速分析仪转速测量结果　　单位:r/min

转速分析仪转速	数据										平均值
	1	2	3	4	5	6	7	8	9	10	
1 500	1 500	1 501	1 501	1 502	1 499	1 500	1 502	1 501	1 500	1 500	1 500.6

根据表 11-2 中的数据计算单次标准差：

$$s(x_i)=\sqrt{\frac{\sum_{i=1}^{n}(x_i-\bar{x})^2}{n-1}}=0.97(\mathrm{r/min})$$

标准不确定度：

$$u_1=0.31(\mathrm{r/min})$$

2.2　转速分析仪校准装置的标准不确定度分量 u_2

因转速分析仪校准装置的允许误差为±0.1%，服从均匀分布，B 类不确定度以 1 500 r/min检定点计算，故

B 类不确定度 $u_2=0.87$ r/min。

表 11-3　合成标准不确定度

序号	不确定度来源	符号	类型	灵敏度系数绝对值 $\|c_i\|$	标准不确定度分量 u_i/(r/min)
1	转速分析仪校准装置	u_1	B 类，均匀分布	1	0.87
2	转速分析仪示值	u_2	A 类不确定度	1	0.37

合成标准不确定度 μ_c 的评定：

$$\mu_c=\sqrt{(c_1\mu_1)^2+(c_2\mu_2)^2}\approx0.94(\mathrm{r/min})$$

2.3　扩展不确定度

按照 JJF 1059.1—2012 的要求，测量不确定度的置信概率为 95%，取包含因子 $k=2$，取两位有效数字，得到 1 500 r/min 检定点扩展不确定度为

$$U=2u_c=1.88(\mathrm{r/min})$$

第 12 章　水泥胶砂试体成型振实台计量技术解析

胶砂试体成型振实台（简称振实台）是按照《水泥胶砂强度检验方法（ISO 法）》（GB/T 17671—2021）测定水泥胶砂强度的专用计量设备，由可以跳动的台盘和使其跳动的凸轮等组成。

第 1 节　《水泥胶砂试体成型振实台校准规范》［JJF（建材）124—2021］

1　范围

本规范适用于水泥胶砂试体成型振实台（以下简称振实台）的校准。

2　引用文件

本规范引用了下列文件：

《千分尺检定规程》（JJG 24）

《秒表检定规程》（JJG 237）

《数字指示秤检定规程》（JJG 539）

《水泥胶砂试体成型振实台》（JC/T 682）

凡是注日期的引用文件，仅注日期的版本适用于本规范；凡是不注日期的引用文件，其最新版本（包括所有的修改单）适用于本规范。

3　概述

振实台是水泥胶砂成型设备，主要由一个矩形台盘和二根与台盘牢固联在一起的摆动臂组成。通过一定质量的台盘带动胶砂从一定的高度并以一定的频率进行硬性撞击使胶砂获得一定的动量，从而使胶砂实现密实。

台盘上有固定试模和模套用的卡具。在台盘下面中心安有一个突头，突头为球面。在突头下面有一个上表面呈平面的止动器。在静止位置时，突头中心线通过与止动器的中心点，并与止动器的表面垂直。当突头落在止动器上时，台盘顶面应是水平的。工作时，凸轮在传动机构的带动下转动，并通过随动轮托起台盘至一定高度后自由落下撞击在止动器上。

台盘通过摆动臂上的十字拉肋与支点相连接，在水平静止状态时，包括摆动臂、模套和卡具在内的台盘等效总质量相应地也在一定范围内。

振实台结构如图 12-1 所示。

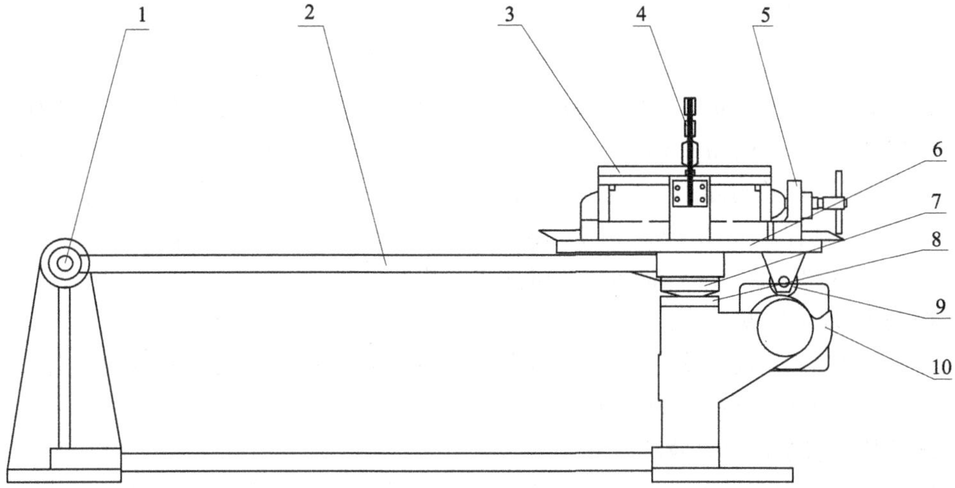

1—十字拉肋;2—摆动臂;3—模套;4—卡具;5—试模;6—台盘;7—突头;8—止动器;9—随动轮;10—凸轮。

图 12-1　振实台结构示意图

4　计量特性

振实台的计量特性见表 12-1。

表 12-1　振实台的计量特性

项目	要求
振动 60 次的时间/s	60±2
振动振幅/mm	15.0 ±0.3
水平静止状态台盘等效总质量/kg	12.57±0.25

注:以上指标不适用于合格性判定,仅提供参考。

5　校准条件

5.1　环境条件

5.1.1　电源电压的波动范围:±10%。

5.1.2　室内温度应在(20 ±2)℃范围内,相对湿度大于 50%RH。

5.2　校准器具

5.2.1　按 JJG 237 检定合格的秒表,量程不低于 900 s,分度值 0.1 s。

5.2.2　按 JJ G24 检定合格的千分尺,量程不低于 25 mm,分度值 0.01 mm。

5.2.3　按 JJG 539 检定合格的 3 级数显压力传感器,量程不低于 15 kg,分度值 0.01 kg。

5.2.4　辅助器具直径不小于 ϕ30 mm、厚度分别为 14.70 mm 和 15.30 mm 的钢制标准块,标准块两面应平磨,厚度允许偏差±0.06 mm。

5.3　基本条件

振实台应符合 JC/T 682 的技术要求,运行正常。

6　校准项目和校准方法

6.1　振幅

用千分尺检测 14.7 mm 和 15.3 mm 的标准块厚度，标准块的厚度允许偏差为±0.06 mm。

用 14.7 mm 和 15.3 mm 标准块检测振幅。当在突头和止动器之间放入 14.7 mm 标准块时，转动凸轮，凸轮与随动轮应接触；当放入 15.3 mm 标准块时，再转动凸轮，则凸轮与随动轮应不接触，此时结果记为 14.7～15.3 mm。当放入 14.7 mm 标准块时不接触，结果记为<14.7 mm；当放入 15.3 mm 标准块时接触，结果记为>15.3 mm。

6.2　振动 60 次的时间

用秒表检测。启动振实台，同时启动秒表计时，待振动 60 次时停止计时。计时时间为振动 60 次的时间，结果精确至 0.1 s。

6.3　水平静止状态台盘等效总质量

用数显压力传感器检测。检测前，先将振实台的止动器取下并将数显压力传感器安装到止动器位置上。检测时，抬起台盘，打开数显压力传感器电源并置零，然后将台盘慢慢落放于数显压力传感器上，静止 3 s 后读取读数。如此重复测定 3 次，以 3 次的平均值作为水平静止状态台盘等效总质量，结果精确至 0.01 kg。

7　校准结果表达

校准结果应在校准证书或校准报告上反映。校准证书或校准报告至少包括如下信息：

a）标题，如“校准证书”或“校准报告”；

b）实验室名称和地址；

c）如果不在实验室内进行校准时，须说明进行校准的地点；

d）证书或报告的唯一性标识（如编码），每页及总页的标识；

e）送校单位的名称和地址；

f）振实台的描述和明确标识；

g）进行校准的日期，若与校准结果的有效性及应用有关时，应说明被校准对象的接收日期；

h）如果与校准结果的有效性及应用有关时，应对抽样程序进行说明；

i）对校准所依据的技术规范的标识，包括名称和代号；

j）本次校准所用测量标准的溯源性及有效性等说明；

k）校准环境的描述；

l）校准结果和测量不确定度的说明；

m）校准证书或校准报告签发人的签名、职务或等效标识，以及签发日期；

n）校准结果仅对被校对象有效的声明；

o）未经实验室书面批准，不得部分复制证书或报告的声明。

p）经校准的振实台，发给校准证书或校准报告，加盖校准印章。

8　复校时间间隔

振实台的复校时间间隔可根据具体使用情况由用户确定，建议复校时间间隔不超过1年。

第2节　水泥胶砂试体成型振实台测量结果的不确定度评定

水泥胶砂试体成型振实台是水泥胶砂试件制备时的振实成型试验设备，广泛应用于建材检测、市政检测行业。本节介绍了胶砂试体成型振实台测量结果的不确定度评定方法，分析了可能影响测量结果的各项不确定度分量，并给出了计算方法和公式，通过在实际工作中的应用，证明其满足工作要求。

在建筑使用中需要进行水泥胶砂强度的检测、抗折和抗压的试验来制备水泥胶砂试件。胶砂试体成型振实台是水泥胶砂试件制备时的振实成型试验设备，被广泛应用于建材检测、市政检测行业。测量依据《水泥胶砂试体成型振实台校准规范》[JJF(建材)124—2021]，使用电子秒表、专用量块以及塞尺为主要计量标准器，可对胶砂试体成型振实台的振幅和振动时间进行测量，测量时要求室内保持清洁、无腐蚀性气体，常温下电源电压的波动不超过±7%。振幅使用专用量块以及塞尺为标准器进行测量，振动时间采用直接测量方法测量。

1　振实台振幅不确定度评定

1.1　建立测量模型

$$e=h-H$$

式中　e——振幅的示值误差，mm；

h——振动台的振幅，mm；

H——专用量块厚度，mm。

1.2　求灵敏系数

灵敏系数由 $e=h-H$ 求得

$$c_1=\frac{\partial e}{\partial h}=1$$

$$c_2=\frac{\partial e}{\partial H}=-1$$

1.3　标准不确定度评定

1.3.1　不确定度来源

标准器专用量块引入的不确定度；标准器塞尺引入的不确定度；重复性引入的不确定度。

1.3.2　标准器专用量块引入的标准不确定度分量 u_{11}

使用专用量块和塞尺来确定具体振幅值。专用量块的厚度为(14.7±0.06) mm 和(15.3±0.06) mm,按均匀分布,则

$$u_{11}=0.06/\sqrt{3}\approx 0.035(\mathrm{mm})$$

1.3.3　标准器塞尺引入的标准不确定度 u_{12}

塞尺的测量范围为 0.02~1.00 mm, MPE 为±(0.005~0.016) mm,取最大误差±0.016 进行分析,半宽为 0.016 mm,按均匀分布,则

$$u_{12}=0.016/\sqrt{3}\approx 0.009\ 2(\mathrm{mm})$$

1.3.4　重复性引入的标准不确定度 u_2

在相同条件下连续对振实台的振幅进行 10 组测量,为正态分布,得到的数据如表 12-2 所示。

表 12-2　连续 10 次测量振幅数值

序号	1	2	3	4	5	6	7	8	9	10
x_i/mm	15.12	15.10	15.12	15.12	15.10	15.14	15.12	15.14	15.10	15.14

测量平均值:

$$\bar{x}=\frac{1}{n}\sum_{i=1}^{n}x_i=15.12(\mathrm{mm})$$

单次试验标准偏差:

$$s(x_i)=\sqrt{\frac{\sum_{i=1}^{n}(x_i-\bar{x})^2}{n-1}}\approx 0.016(\mathrm{mm})$$

实际情况下,每次测量为 3 次,则

$$u_2=s(\bar{x})=\frac{s(x_i)}{\sqrt{3}}=\frac{0.016}{\sqrt{3}}\approx 0.009(\mathrm{mm})$$

1.4　合成标准不确定度

标准不确定分量见表 12-3。

表 12-3　标准不确定度分量

标准不确定度分量	不确定度来源	标准不确定度/mm	灵敏系数 c_i	分布特征
u_{11}	标准器专用量块引入	0.035	−1	均匀分布
u_{12}	标准器塞尺引入	0.009 2	−1	均匀分布
u_2	重复性引入	0.009	1	正态分布

合成标准不确定度u_c 的评定:

$$u_c=\sqrt{{u_{11}}^2+{u_{12}}^2+{u_2}^2}\approx 0.037(\mathrm{mm})$$

1.5　扩展不确定度的评定

取 $k=2$，扩展不确定度为

$$U=k\times u_c=2\times0.037=0.074(\text{mm})$$

1.6　不确定度报告

振实台振幅的测量结果扩展不确定度为

$$U=0.07(\text{mm}),k=2$$

2　振实台振动60次的时间不确定度评定

2.1　建立测量模型

$$\Delta t=t_1-t_2$$

式中　Δt——振动60次时间测量结果的示值误差，s；

t_1——振动60次时间测量结果的测量值，s；

t_2——振动60次的时间，s。

2.2　灵敏系数

灵敏系数由 $\Delta t=t_1-t_2$ 可得

$$c_1=\partial\Delta t/\partial t_1=1$$

$$c_2=\partial\Delta t/\partial t_2=-1$$

2.3　标准不确定度评定

2.3.1　不确定度来源

标准器秒表引入的标准不确定度 u_1；重复性引入的标准不确定度 u_2。

2.3.2　标准器秒表引入的标准不确定度分量 u_1

根据使用说明书，得到电子秒表时间间隔测量误差 MPE 为±0.03 s(10 s)、±0.05 s(1 h)、±0.07 s(2 h)。

测量振实台振动60次的时间为60 s，标准器 MPE 为±0.05 s(1 h)，按均匀分布估计，则

$$u_1=\frac{0.05}{\sqrt{3}}\approx0.03(\text{s})$$

2.3.3　重复性引入的标准不确定度分量 u_2

使用秒表，在相同条件下连续对振动60次的时间做10组测量，为正态分布，得到的数据如表12-4所示。

表12-4　10组连续振动60次数据

序号	1	2	3	4	5	6	7	8	9	10
x_i/s	60.13	60.13	60.15	60.14	60.12	60.12	60.12	60.14	60.15	60.12

测量平均值：

$$\bar{x}=\frac{1}{n}\sum_{i=1}^{n}x_i=60.132(\text{s})$$

单次试验标准偏差：

$$u_2 = s(x_i) = \sqrt{\frac{\sum_{i=1}^{n} (x_i - \bar{x})^2}{n-1}} \approx 0.01(\mathrm{s})$$

2.4　合成标准不确定度

标准不确定度分量见表 12-5。

表 12-5　标准不确定度分量

标准不确定度分量	不确定度来源	标准不确定度/s	灵敏系数	分布特征
u_1	标准器秒表引入	0.03	−1	均匀分布
u_2	重复性引入	0.01	1	正态分布

合成标准不确定度 u_c 为

$$u_c = \sqrt{u_1^2 + u_2^2} \approx 0.03(\mathrm{s})$$

2.5　扩展不确定度的评定

取 $k=2$，扩展不确定度为

$$U = k \times u_c = 2 \times 0.03 \approx 0.06(\mathrm{s})$$

2.6　不确定度报告

振实台振动时间测量结果的扩展不确定度

$$U = 0.06\ \mathrm{s}, k=2$$

3　结论

经评定，振实台振幅测量结果的扩展不确定度 $U=0.07$ mm，$k=2$，满足 JJF（建材）124—2021 对振幅的要求[（15±0.3）mm]；振实台振动时间的测量结果的扩展不确定度为 $U=0.06$ s，$k=2$，满足 JJF（建材）124—2021 对振动时间的要求[（60±2）s]。

第 13 章　水泥净浆标准稠度与凝结时间测定仪计量技术解析

水泥净浆标准稠度与凝结时间测定仪是根据水泥的触变性测定水泥标准稠度用水量和凝结时间的专用设备，是通过标准针以固定插入力插入标准稠度水泥中的固定时间的插入深度或固定深度的插入时间来表达的。以下从检定规程、操作和注意事项及不确定度评定进行详细说明。

第 1 节　《水泥净浆标准稠度与凝结时间测定仪》[JJG(交通)050—2004]节选

1　范围

本规程适用于水泥净浆标准稠度与凝结时间测定仪(以下简称测定仪)的首次检定、后续检定和使用中检验。

2　引言文献

本规程引用下列文献：

《水泥标准稠度用水量、凝结时间、安定性检验方法》(GB/T 1346—2001、eqv ISO 9597:1989)

《水泥标准稠度用水量、凝结时间、安定性检验方法》(JTJ 053—94)

《水泥物理仪器净浆标准稠度与凝结时间测定仪》(JC/T 727—1996)

使用本规程时应注意使用上述引用文献的现行有效版本。

3　术语

3.1　水泥净浆标准稠度

为确保测量获得的水泥凝结时间、体积安定性等性能具有准确的可比性，以 GB/T 1346—2001 规定的方法使水泥净浆达到统一规定的浆体可塑性程度。

3.2　凝结时间

水泥从加水拌和开始到失去流动性，即从可塑性状态发展到固体状态所需时间，凝结时间又分为初凝时间和终凝时间。

4　概述

通过采用测定仪测定水泥净浆达到标准稠度时所需要的最佳用水量后，再采用本测定仪测定当水泥净浆为标准稠度时的初凝时间和终凝时间，从而确定水泥的固化特性。

测量仪分为两个独立的测量系统：

a）标准稠度测定系统：由带标尺和滑动杆的基座、试杆和试模组成；

b）凝结时间测定系统：由带标尺和滑动杆的基座、初凝试针、终凝试针、试模和计时装置组成。

测量水泥净浆标准稠度时，要测量不同含水量的水泥净浆对试杆的沉入度，选择获得最佳标准稠度时所需的含水量。

测量水泥净浆凝结时间时，要采用标准稠度时的净浆，测定试针沉入到规定深度时所需要的时间。

5　计量性能要求

5.1　标尺

5.1.1　S 尺

测量范围：0～70 mm；

分度值：1 mm。

5.1.2　P 尺（代用法采用）

测量范围：21.0%～33.4%；

分度值：0.25%。

5.1.3　P 与 S 尺应满足公式：$P=33.4\%-(0.185\%/\text{mm})\times S$。

5.1.4　示值允许误差为±1 mm。

5.2　试杆

长：（50±1）mm；

直径：（10±0.05）mm。

5.3　初凝针

长：（50±1）mm；

直径：（1.13±0.05）mm。

5.4　终凝针

长：（30±1）mm；

直径：（5.5±0.05）mm；

环形件端面与环形件端面间距离：（0.5±0.1）mm。

5.5　试模（含附件）

高：（40±0.2）mm；

顶部内径：（65±0.5）mm；

底部内径：（75±0.5）mm；

附件：80 mm×80 mm 的平板玻璃，厚度不小于 2.5 mm。

5.6　滑动杆+试杆（或试针）

质量：（300±1）g。

5.7　滑动杆的偏摆要求

偏摆所形成的最大直径为使用中不大于2.0 mm,新制造不大于1.0 mm。

6　通用技术要求

6.1　测定仪应有清晰的标志、标牌和合格证书。标牌应标明测定仪的名称、型号、出厂编号、制造厂名、生产日期;标志应标明测定仪的实验室使用编号、上次检定时间等。

6.2　测定仪的外表应光滑、平整、无明显缺陷和锈蚀现象;试杆和试针的端部应为平面,无明显磨损和创伤;移动杆自动落下,移动时灵活平稳,无明显阻滞和晃动现象。

7　计量器具控制

7.1　检定条件

7.1.1　环境条件

检定(或检验)时环境条件要求如下:

a)环境温度:(20±5)℃;

b)环境相对湿度:不大于85%;

c)检定(或检验)应在室内进行,周围应无检定结果的污染、振动等现象。

7.1.2　检定(或检验)用计量标准及配套设备

检定(或检验)时采用的计量标准要求如下:

a)天平:称量范围0~500 g,分度值为0.1 g;

b)深度尺:称量范围0~200 mm,分度值为0.02 mm;

c)游标卡尺:测量范围0~150 mm,分度值为0.02 mm;

d)量块:36 mm量块一块,准确度为0.001 mm;

e)外径千分尺:测量范围0~25 mm,分度值为0.01 mm;

f)配套设备:白复印纸(100 mm×100 mm)一张、红墨水一瓶、圆规一个。

7.2　检定项目和检定方法

7.2.1　检定项目

测定仪的检定项目见表13-1。

表13-1　检定项目

检定项目	首次检定	后续检定	使用中检验
通用技术要求	+	+	-
标尺	+	+	-
试杆	+	+	+
初凝针	+	+	+
终凝针	+	+	+
试模	+	+	+
滑动杆+试杆(试针)	+	+	+
滑动杆偏摆	+	+	-

注:"+"表示检定(或检验);"-"表示不需要检定(或检验)。

7.2.2 检定方法

7.2.2.1 通用技术要求的检查

通用技术要求采用感官(目测、手感)方法进行检查。检查结果应符合 6.1 和 6.2 规定的各项要求。

7.2.2.2 标尺的检定程序

首先采用游标卡尺测量标尺的 S 尺的测量范围,测量时均以刻度线的下边为准,测三次,以平均值作为标准值。在这以后,采用同样的方法测量 P 尺的测量范围,获得 P 尺的标准值,并以式(13-1)验证:

$$P = 33.4\% - (0.185\%/\text{mm}) \times S \tag{13-1}$$

即在标尺上的 PR、SR 的对应关系。

然后按测定仪使用说明书的规定,使其处于测量净浆标准稠度状态,将 36 mm 量块放置在被测位置上,使试杆的端面与量块接触,这时将滑动杆的标线定位在 40 mm 附近处,拧紧螺丝。在 1~5 s 后,取出量块,拧松螺丝,使试杆轻轻落下,与基面接触,读出 S 尺上的数值。按此程序做三次,三次读数中偏离 36 mm 最大的值与 36 mm 之差的绝对值即为滑动杆位移的最大示值误差,应符合 5.1 的规定。

7.2.2.3 试杆的检定程序

将试杆从测定仪上卸下,采用游标卡尺测量其长度,重复测三次,取平均值为标准值,应符合 5.2 规定的要求。采用外径千分尺测量试杆的直径,测量位置在顶端附近,每旋转约 60°测一次,共测三次,三次测量值的最大差值不大于 0.1 mm,在符合该要求的前提下,取三次测量的平均值为标准值,应符合 5.2 的规定。当三次测量值的最大差值不小于 0.1 mm 时判该试杆为不合格。

7.2.2.4 初凝试针的检定程序

采用游标卡尺测量初凝试针的长度,重复测量三次,取平均值作为标准值,应符合 5.3 的规定。采用外径千分尺测量初凝试针端部附近的直径,每旋转约 60°测一次,共测三次,三次测量值的最大差值不大于 0.02 mm,在符合该要求的前提下,取三次测量的平均值为标准值,应符合 5.3 的规定。当三次测量值的最大差值不小于 0.02 mm 时判该试针为不合格。

7.2.2.5 终凝试针的检定程序

测量程序和判断方法同 7.2.2.4,应符合 5.4 的规定。

7.2.2.6 试模的检定程序

采用深度尺测量试模的深度,测量前将试模平放于玻璃平板上,使其平板良好接触,无空隙。若发现明显空隙,试模即判为不合格。在符合上述规定之后,每旋转约 60°测一次试模深度,共测三次,三次测量值的最大差值不大于 0.4 mm,在符合该要求的前提下,取三次测量的平均值为标准值,应符合 5.5 的规定。采用游标卡尺测量试模顶部的内径,每旋转约 60°测一次,共测三次,按同样的步骤测量试模底部的内径;所有的值均应符合 5.5 的规定。

7.2.2.7 滑动杆+试杆(或试针)的检定程序

将滑动杆从测量仪上卸下,将其与试杆(或试针)一起放到天平上称量,总质量应符合 5.6 的规定。

7.2.2.8　滑动杆最大滑动偏摆的检定程序

将初凝试针装到滑动杆上,使测定仪处于测量凝结时间状态后,在底座平面上铺上100 mm×100 mm 的白复印纸,在初凝试针上稍微蘸上一点红墨水,每旋转约60°放下试针,使其落在白纸上,并留下一个红点,共进行三次,获得三个红点,用圆规做一个圆(三点做一个圆的方法)。重复二次,取直径最大的圆作为最大偏摆的标准值。对新测定仪,直径应不大于2.0 mm;对使用中的测定仪,直径应不大于3.0 mm。

7.3　检定结果的处理和检定周期

7.3.1　经检定合格的测定仪出具检定证书,不合格的出具检定结果通知书,并注明不合格项目。

7.3.2　检定仪的检定周期一般为一年,但在使用过程中对检测结果发生怀疑时,可随时进行相应项目的检验,检验程序可参照7.2。若检验不合格,应重新进行检定。

第2节　水泥净浆标准稠度与凝结时间测定仪的操作和注意事项

1　仪器操作

(1)净浆拌和结束后,将拌制好的水泥净浆装入已置于玻璃底板上的试模中,用小刀插捣、轻轻振动数次,刮去多余净浆,抹平后迅速将试模和底板移到维卡仪上,将其中心定在试杆下。

(2)试杆降至净浆表面,拧紧螺丝,突然放松,记录试杆停止沉入或释放试杆30 s时试杆距底板之间的距离。整个操作应在搅拌后1.5 min内完成。以试杆沉入净浆并距离底板(6±1)mm的水泥净浆为标准稠度。

(3)初凝时间测定:将圆模放在玻璃板上,将净浆放入圆模内,插捣、振动数次,试件在养护箱养护30 min。观察试针停止下沉或释放试针30 s时指针读数,当试针沉至距底板(4±1)mm时,为水泥的初凝时间。

(4)进行第一次测定应扶持金属棒,使其慢慢下降,以免试针撞弯。

(5)终凝时间测定:初凝时间测定完成后,立即将圆模同浆体以平移方法从玻璃板上取下翻转180°,直径大端向上,放在玻璃板上,再放入养护箱养护。临近终凝每30 min测定一次,当试针沉入0.5 mm时,即环形附件开始不能在试体上留下痕迹时为水泥的终凝时间。

(6)到达初凝、终凝时,应重复测一次,两次结论相同才能确认。

2　使用注意事项

每次测定前,首先应将仪器垂直放稳,不宜在有明显振动的环境中操作。

每次测定完毕均应将仪器工作表面擦拭干净并涂油防锈。

滑动杆表面不应碰伤或存在锈斑。

第3节 水泥净浆标准稠度与凝结时间测定仪示值相对误差的不确定度评定

本节主要介绍水泥净浆标准稠度与凝结时间测定仪示值相对误差测量不确定度评定。

1 概述

(1)测量方法:依据《净浆标准稠度与凝结时间测定仪检定规程》[JJG(建材)105—1999]。

(2)测量仪器:读数显微镜、数显卡尺、电子天平、万能角度规。

(3)被测对象:水泥净浆标准稠度与凝结时间测定仪。

(4)测量过程:用读数显微镜测量测定仪的标尺刻度的S尺和P尺的刻度值,S尺最小刻度值为1 mm,P尺为21%~33.5%,最小刻度为0.25%,S尺与P尺的读数应符合$P=33.4\%-(0.185\%/\text{mm})\times S$的关系,按规程要求分别在S尺和P尺上检查3个刻度值,用数显卡尺测量计算试针锥体的几何尺寸,用电子天平测量滑动部分总质量。

(5)环境条件:室内常温。

(6)评定结果的使用:在符合上述条件下的测量结果,一般可直接使用本不确定度的评定结果。

2 数学模型

$$e=\frac{L_i-L_0}{L_0}$$

式中 e——示值相对误差;

L_i——实际测量值;

L_0——测量标称值。

3 不确定度传播率

由数学模型可知,各输入项的灵敏系数均为1,且各输入量之间不存在明显的相关性。故

$$u(e)=\sqrt{u^2(e_1)+u^2(e_2)+u^2(e_3)+u^2(e_4)+u^2(e_5)+u^2(e_6)}$$

4 输入量e的不确定度来源

输入量e的不确定来源主要有测量重复性引起的标准不确定度分量$u(e_1)$;滑动部分质量误差引起的标准不确定度分量$u(e_2)$;几何尺寸误差引起的标准不确度分量$u(e_3)$;试杆与试针或试杆与试锥垂直度误差引起的标准不确定度分量$u(e_4)$;标尺刻度示值误差引起的标准不确定度分量$u(e_5)$;估读示值误差引起的标准不确定度分量$u(e_6)$。

(1)测量重复性引起的标准不确定度分项 $u(e_1)$ 的评定(采用 A 类方法进行评定)。

由于 S 尺和 P 尺的对应关系是固定的,以 S 尺读数为例,用读数显微镜直接测量其 8 mm 处的示值误差,作为一次测量过程,在重复性条件下,连续测量 10 次,得到一列测量值 s_i:

8.12,8.16,8.08,8.07,8.15,8.13,8.12,8.08,8.10,8.10(单位为 mm)。

得到相对示值误差测量列:1.5,2.0,1.0,0.88,1.9,1.6,1.5,1.0,1.3,1.3(%)。

$$\bar{s}=1.365\%$$

单次标准差:

$$s=\sqrt{\frac{\sum_{i=1}^{10}(s_i-\bar{s})^2}{n-1}}\approx 0.14\%$$

(2)滑动部分质量误差引起的标准不确定度分量 $u(e_2)$ 的评定(采用 B 类方法进行评定)。

规程规定,试杆与试锥或试杆与试针的总质量允许最大误差为 2 g,则半宽 $a=\frac{2\ \text{g}}{300\ \text{g}}\approx$ 0.67%。

认为其为均匀分布,则

$$u(e_2)=\frac{0.67\%}{\sqrt{3}}\approx 0.39\%$$

(3)几何尺寸的误差引起的标准不确定度分量 $u(e_3)$ 的评定(采用 B 类方法进行评定)。

由于滑动部分是由试针或试锥插入净浆来测定的,因此 $u(e_3)$ 主要是由试针或试锥的截面尺寸引起的,以试针为例。用数显卡尺测量时,最大允许误差为±0.01 mm,试针标称直径为 1.1 mm。

半宽:

$$a=\sqrt{2}\times 0.01/1.1=0.013\approx 1.3\%$$

认为其服从均匀分布,则 $u(e_3)=1.3\%/\sqrt{3}\approx 0.75\%$。

(4)试杆与试针或试杆与试锥垂直度误差引起的标准不确定度分量 $u(e_4)$ 的评定(采用 B 类方法进行评定)。

由于试杆和试针测量时是一体测量的,规程规定试杆的最大偏高为 2.0 mm,试锥试针最大偏高为 1.5 mm。

试杆与试针总长为(50±50)mm。

最大允许偏差误差为±(2.0+1.5)= ±3.5 mm。

半宽:

$$a=(\sqrt{3.5^2+100^2}-\sqrt{100^2})/100\approx 0.061\%$$

则

$$u(e_4)=0.061\%/\sqrt{3}\approx 0.035\%$$

(5)标尺刻度示值误差引起的标准不确定度分量 $u(e_5)$ 的评定(采用 B 类方法评

定)。

根据规程,用读数显微镜抽查 3 个刻度,读数显微镜的最大示值误差为±0.01 mm,抽查刻度为 1 mm,则半宽 $a=0.01/1=1.0\%$。

认为其服从均匀分布,$k=\sqrt{3}$,则

$$u(e_5)=1.0\%/\sqrt{3}\approx0.58\%$$

(6)估读示值误差引起的不确定度分量 $u(e_6)$ 的评定(采用 B 类方法进行评定)。

在估读示值误差时,人眼分辨率为±0.1 mm,指针宽度为 0.1 mm,故半宽 $a=0.2/70=0.29\%$,认为其服从均匀分布, 则 $u(e_6)=0.29\%/\sqrt{3}\approx0.17\%$。

5　标准不确定度分量的合成

以上各标准不确定度分量彼此独立,故可以按下式合成标准不确定度 $u(e)$。

$$u(e)=\sqrt{u^2(e_1)+u^2(e_2)+u^2(e_3)+u^2(e_4)+u^2(e_5)+u^2(e_6)}\approx1.1\%$$

6　校准和测量能力(CMC)

水泥净浆标准稠度与凝结时间测定仪的示值误差的相对扩展不确定度 $U_{rel}=2.2\%$,$k=2$。

第 14 章　沥青混合料马歇尔击实仪计量技术解析

马歇尔击实仪是沥青混合料马歇尔稳定度试验中试样成型的专用仪器，其结构及性能完全符合《公路土工试验规程》(JTG 3430—2020)要求。该仪器具有体积小、操作方便、工作可靠、能够实现自动计数、自动击实、自动停机，在工作中能实现暂停运行等特点，适合实验室工作和野外作业。以下从检定规程、规程解读、常见故障及其排除和不确定度评定等方面进行详细阐述。

第 1 节　《沥青混合料马歇尔击实仪》[JJG(交通)065—2016]节选

1　范围

本规程适用于沥青混合料马歇尔标准击实仪和马歇尔大型击实仪的首次检定、后续检定和使用中检查。

2　引用文件

本规程引用下列文件：

《公路工程沥青及沥青混合料试验规程》(JTG E20)

凡是注日期的引用文件，仅注日期的版本适用于本规程；凡是不注日期的引用文件，其最新版本(包括所有的修改单)适用于本规程。

3　概述

马歇尔击实仪是室内进行沥青混合料试件制作的设备，通过对填充在试模内的沥青混合料进行标准次数的击实，制作后续试验所需要的马歇尔试件。该设备主要适用于 JTG E20 中 T 0702 击实法成型试件。

马歇尔击实仪分为标准击实仪和大型击实仪两种，由击实锤、平圆形压实头、带手柄的导向棒、击实台及控制仪表组成。

4　计量性能要求

4.1　平圆形压实头直径

标准击实仪：(98.5±0.1) mm；大型击实仪：(149.5±0.1) mm。

4.2　击实锤的质量

标准击实仪：(4 536±9) g；大型击实仪：(10 210±10) g。

4.3　**击实锤提升高度**

标准击实仪:(457.2±1.5)mm;大型击实仪:(457.2±2.5) mm。

4.4　**击实锤的击实频率**

击实频率为(60±5)次/min。

4.5　**试模、底座及套筒**

4.5.1　标准击实仪

试模内径为(101.6±0.2)mm,高(87±0.2)mm;套筒内径为(104.8±0.2)mm,高(70±0.2)mm;底座上表面直径为(100.8±0.2)mm。

4.5.2　大型击实仪

试模内径为(152.4±0.2)mm,高(115±0.2)mm;套筒内径为(155.6±0.3)mm,高(83±0.2)mm;底座上表面直径为(151.6±0.3)mm。

5　通用技术要求

5.1　**外观**

5.1.1　仪器应在明显固定位置设有产品铭牌,铭牌内容应包括产品型号、名称、产品主要技术参数、出厂日期、出厂编号和制造厂名称。

5.1.2　击实仪外观应平整、光滑,不应有毛刺、深镀层脱落或油漆表面色彩明显不均匀现象。

5.2　**运转状况**

5.2.1　击实仪运转时不应有异常声音。

5.2.2　传动系统应运转灵活可靠。

5.2.3　设备应具备漏电保护装置。

6　计量器具控制

计量机器控制包括首次检定、后续检定和使用中检查。

6.1　**检定条件**

6.1.1　检定环境条件

室内无风,室内温度为(20±5)℃。相对湿度小于85%。

6.1.2　检定仪器设备

a)秒表:分度为0.1 s;

b)游标卡尺:量程为0~200 mm,精度为0.02 mm;

c)电子天平:量程不小于15 kg,感量为1.0 g;

d)钢直尺:量程为0~1 000 mm,分度值为1 mm。

6.2　**检定项目**

检定项目见表14-1。

表14-1 沥青混合料马歇尔击实仪的检定项目

序号	检定项目	首次检定	后续检定	使用中检查
1	外观	+	+	-
2	运转状况	+	+	+
3	压实头直径	+	+	+
4	击实锤的质量	+	+	+
5	击实锤提升高度	+	+	+
6	击实频率	+	+	+
7	试模、底座和套筒几何尺寸	+	+	+

注:1.凡需检定的项目用"+"表示,不需检定的项目用"-"表示。
2.修理后的后续检定原则上按首次检定进行。

6.3 检定方法

6.3.1 击实仪的外观:

可通过目测手感,按5.1的要求,并做好相应记录。

6.3.2 击实仪运转安全性检定方法如下:

a)通过目测和视听,检测运转部位有无异常声音;

b)观察传动系统运转是否灵活可靠、链条有无松动和限位块螺钉有无松动;

c)手工操作来感知把手的灵活性;

d)设备运转过程中一旦出现漏电情况,漏电保护装置应立即断电。

6.3.3 几何参数检定方法如下:

a)压实头直径:用游标卡尺进行测量,取3次测量结果计算算术平均值,每次测量值应符合4.1的要求;

b)击实锤提升高度:将击实锤提升至最大高度,用钢直尺测量压实头顶面至击实锤底面的距离,取3次测量结果计算算术平均值,每次测量值应符合4.3的要求;

c)试模几何尺寸和套筒几何尺寸:用游标卡尺进行测量,取3次测量结果计算算术平均值,每次测量值应符合4.5的要求。

6.3.4 击实锤质量:

用电子天平测定,取3次测量结果计算算术平均值,每次测量值应符合4.2的要求。

6.3.5 击实频率:

采用秒表计时,记录60次击实次数所用的时间,然后计算1 min的击实次数,取3次测量结果计算算术平均值,每次测量值应符合4.4的要求。

6.4 检定结果处理

经检定合格的沥青混合料马歇尔击实仪应出具检定证书;经检定不合格的沥青混合料马歇尔击实仪应出具检定结果通知书,并注明不合格项目。

6.5 检定周期

沥青混合料马歇尔击实仪的检定周期一般为一年,但是使用过程中对测试结果产生怀疑时,可以进行相应项目的使用中检验,若检验不合格,应提前进行检定。

第2节 《沥青混合料马歇尔击实仪》[JJG(交通)065—2016]解读

1 沥青混合料马歇尔电动击实仪注意事项

(1)记数器以正计数方式进行计数。

(2)下一次击实时应先按下复位按钮,再按启动按钮。

(3)正在进行击实需停机或机器发生故障时可按下停止按钮,使击实仪停止工作。

(4)应定期检查链条的张紧度,如果其挠度大于10 mm,应进行调整。

(5)在没有装混合料时,不得启动击实仪,不用时在试模内垫棉纱或碎纸屑。

2 沥青混合料马歇尔电动击实仪使用说明

(1)首先将柜后的三个插头连线接好。"电机"要接到机柜电机输入口,"无触点接近开关"接到计数插口。"电源"接到电源插口,同时零线一定要接好。

(2)以上工作做好后,拨动"预置"拨码盘,可按需要击实次数从1次设置到99次。打开电源开关,面板上数码管显示"00"即电源显示灯亮。

(3)按下启动键控制器开始工作,状态灯亮,数码灯显示"00"即电机转动,提锤击实,每击一次数码管加一个数,达到设置击次后电机停止,状态指示灯灭。

(4)按暂停键,工作停止,状态指示灯灭,再次按启动键,工作恢复正常,工作中如有异常情况可按暂停键,此时数码管显示所击次数。一次试验后,先按清零键,再按启动键。

第3节 沥青混合料马歇尔击实仪的常见故障及其排除

(1)工作当中出现不提锤现象或在提锤过程中脱锤:检查传动链条是否松动,如松动,可调节后面调整螺栓;检查击实锤上弹片是否受损、是否需要更换;检查挑锤块与放锤键是否磨损太严重。

(2)显示屏上数字显示异常或不计数:检查上传动轮处接近开关是否松动或接近距离太远。

(3)在打开电源开关后整个显示屏不显示:检查电源是否正常或配电箱后保险管是否熔断。

(4)在提锤过程中,连同导向杆一并提起脱不开:检查链条是否太松,导向杆上是否缺少润滑油或污垢太多。

第 4 节　沥青混合料马歇尔击实仪测量结果的不确定度评定

1　范围

本节适用于沥青混合料马歇尔击实仪的测量结果不确定度评定。

2　引用文献

《沥青混合料马歇尔击实仪》[JJG(交通)065—2016]。
《测量不确定度评定与表示》(JJF 1059.1—2012)。

3　概述

(1)测量依据:《沥青混合料马歇尔击实仪》[JJG(交通)065—2016]。
(2)测量方法:《沥青混合料马歇尔击实仪》[JJG(交通)065—2016]规定的条件下,在击实键运动的起始位置选取一个与击实落高相关的部件做一起始标记,当锤体升至最高点后再做一终点标记,用钢卷尺测量起始标记和终点标记之间的垂直距离,即为击实落高。
(3)环境条件:室内温度为(20±5)℃,无振动、无腐蚀。
(4)测量标准:钢卷尺的最大允许误差为±0.50 mm。
(5)被测对象:马歇尔击实仪击实落高为(457.2±1.5)mm。
(6)评定结果的使用。
符合上述条件的测量结果,一般可参照使用本不确定度的评定方法。

4　数学模型

根据测量原理,自钢卷尺与被测仪器直接比较测量。

$$Y=X+\Delta X$$

式中　Y——被测仪器标称值;
X——标准器的平均值;
ΔX——示值误差。

5　各输入量的标准不确定度分量的评定

5.1　输入量引入的不确定度 $u(X_a)$ 的 A 类评定

输入量引入的不确定度 $u(X_a)$ 主要来源于马歇尔击实仪的重复性测量,可以通过重复测量得到测量列,采用 A 类方法进行评定。

对一台提升高度为(457.2±1.5)mm 的标准击实仪,连续测量 10 次落高,得到的测量值如表 14-2 所示。

表 14-2　测量值

序号	1	2	3	4	5	6	7	8	9	10
示值/mm	455.5	456.5	457.0	458.5	457.5	457.5	457.0	458.5	456.5	457.0

其算术平均值为

$$\overline{X}=\frac{1}{n}\sum_{i=1}^{10}X_i=457.15(\text{mm})$$

单次测量的标准偏差：

$$s(X_i)=\sqrt{\frac{\sum_{i=1}^{n}(X_i-\overline{X})^2}{n-1}}=0.91(\text{mm})$$

由于实际测量时，测量次数为 3 次，以 3 次的平均值作为最后的测量结果，则该项结果的标准不确定度为

$$u(X_a)=\frac{s(X_i)}{\sqrt{n}}=0.53(\text{mm})$$

5.2　标准器输入量分量引入的不确定度 $u(X_b)$ 的 B 类评定

标准器输入量分量引入的不确定度 $u(X_b)$ 主要来源于钢卷尺，可根据检定证书给出的相对最大允许误差引起的不确定度来评定，采用 B 类方法进行评定。

钢卷尺检定规程给出的 2 级钢卷尺相对最大允许误差为±0.5 mm，按均匀分布处理，取包含因子 $k=\sqrt{3}$，则相对标准不确定度为

$$u(X_b)=\frac{0.5}{\sqrt{3}}\approx 0.29(\text{mm})$$

6　合成不确定度的评定

6.1　各不确定度分量汇总

不确定度分量汇总见表 14-3。

表 14-3　不确定度分量汇总

标准不确定度分量	标准不确定度来源	标准不确定度/mm
$u(X_a)$	重复性测量	0.53
$u(X_b)$	钢卷尺	0.29

6.2　合成标准不确定度的计算

以上各分量不相关，合成标准不确定度为

$$u_c(Y)=\sqrt{u^2(X_a)+u^2(X_b)}=\sqrt{(0.53)^2+(0.29)^2}=0.6(\text{mm})$$

7　扩展标准不确定度的评定

取 $k=2$，则扩展标准不确定度为

$$U=k \cdot u_c(Y)=2\times0.6=1.2(\mathrm{mm})$$

8　测量不确定度的报告

沥青混合料马歇尔击实仪的落高测量结果不确定度为

$$U=1.2\ \mathrm{mm}, k=2$$

9　检定或校准结果的验证

用量程为 0~5 000 mm、最小分度值为 1 mm 的钢卷尺测量沥青混合料马歇尔击实仪的击实落高。同时，由上一级的计量标准进行测量，两套标准装置进行校准结果的验证，被测对象为击实落高(457.2±1.5)mm 的标准沥青混合料马歇尔击实仪。验证结果见表 14-4。

表 14-4　验证结果

本站测量结果/mm	上级检定单位检测结果/mm	本站不确定度/mm	上级检定单位不确定度/mm	判断方法：$\lvert y_1-y_2\rvert\leq\sqrt{U_1^2+U_2^2}$
457.4	457.3	1	0.7	0.1<1.22

经验证，检定/校准结果可信。检定/校准结果的测量不确定度是合理的。

第 15 章　八轮连续式平整度仪计量技术解析

社会发展中基础设施和基础产业中道路建设在交通运输事业占有重要地位，作为经济发展的重要标志，它的发展还关系着经济发展的命脉。随着道路交通事业的发展，公路的养护与管理成为我国道路交通工程的一项十分重要工作。公路连续式路面平整度仪是用于测量公路平整度的仪器，可以高效、便捷地对路面进行检测评定。以下从检定规程、注意事项和常见故障及不确定度评定等方面进行详细阐述。

第 1 节　《八轮连续式平整度仪》[JJG(交通)024—2020]节选

1　范围

本规程适用于八轮连续式平整度仪的首次检定、后续检定和使用中检查。

2　术语和定义

下列术语和定义适用于本规程。

2.1　**平整度值** road evenness value

八轮连续式平整度仪通过地面高差和距离传感器测量路面高程，经过计算确定的路面平整度标准差，以 mm 计。

3　概述

八轮连续式平整度仪（以下简称平整度仪）是测定路表面平整度的专用设备。根据地面高差测量传感器的不同，平整度仪分为测量轮式连续式平整度仪和激光式连续式平整度仪两种类型。

测量轮式连续式平整度仪由距离传感器（测量轮）、地面高差传感器（接触式传感器）、转向机构、牵引手柄、控制箱（包括电池、绘图、控制、打印）、机架和行走机构等组成，结构示意图如图 15-1 所示。

激光式连续式平整度仪由距离传感器、地面高差传感器（激光传感器）、转向机构、牵引手柄、控制箱（包括电池、绘图、控制、打印）、机架和行走机构等组成，结构示意图如图 15-2所示。

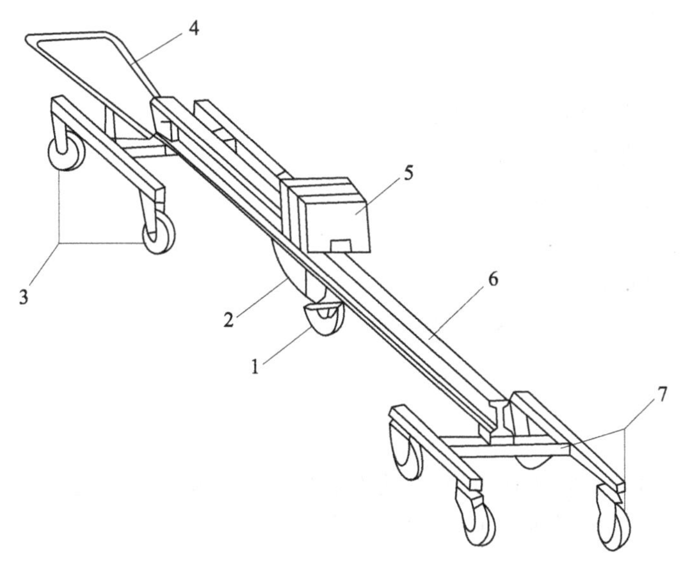

1—测量轮(距离传感器);2—地面高差传感器;3—转向机构;
4—牵引手柄;5—控制箱;6—机架;7—行走机构。

图 15-1　测量轮式连续式平整度仪示意图

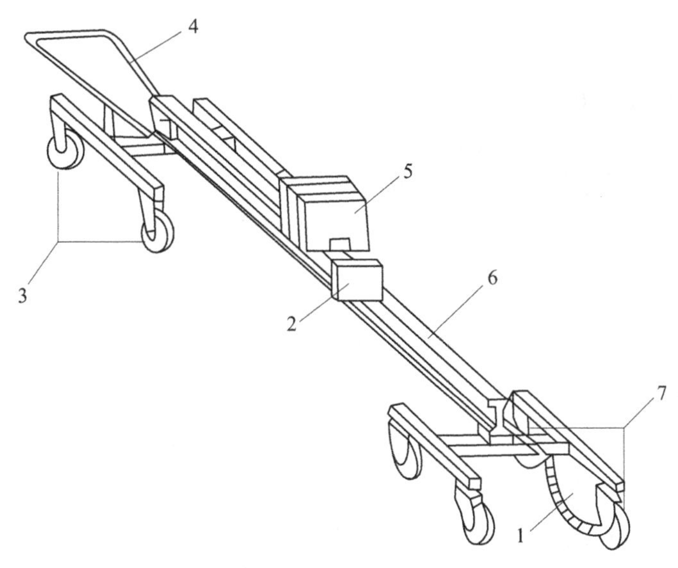

1—纵向测距传感器;2—地面高差传感器;3—转向机构;
4—牵引手柄;5—控制箱;6—机架;7—行走机构。

图 15-2　激光式连续式平整度仪示意图

平整度仪由人力或机动车牵引,通过地面高差传感器和距离传感器测量路面高程和被测路段长度,经过计算确定路面平整度值和正负超差数。

4　计量性能要求

4.1　示值误差

4.1.1　静态示值误差不超过±1.0 mm。

4.1.2　动态相对示值误差不超过±15%。

4.2　纵向测距相对示值误差

纵向测距相对示值误差不超过±1%。

4.3　平整度值的测量重复性

平整度值的测量重复性不超过 0.2 mm。

5　通用技术要求

5.1　外观结构

转向机构应操作灵活、工作可靠，行走时转向轮与测量轮不应有轴向窜动。减震装置应工作良好，伸缩和折合机构应工作灵活，轮胎气压正常。

5.2　铭牌

仪器应有铭牌，内容包括仪器名称、规格、出厂编号、出厂日期和制造厂商。

6　计量器具控制

6.1　检定条件

6.1.1　环境条件

6.1.1.1　环境温度：0~40 ℃。

6.1.1.2　环境湿度：不大于 85%RH。

6.1.1.3　静态场地要求：平整的空场地或室内。

6.1.1.4　试验路段要求：无积水、无冰雪、无污染、无交叉口的直线路段。

6.1.2　检定用设备

检定用设备见表 15-1。

表 15-1　检定用设备表

检定项目		检定用设备	技术要求
纵向测距相对示值误差		测距仪	量程不小于 100 m，准确度等级Ⅱ级
平整度值的测量重复性		—	—
示值误差	静态示值误差	专用量块	要求见规程附录 A
	动态相对示值误差	自动平整度测量仪	要求见规程附录 A
		非自动平整度测量仪	DSZ1 级精密水准仪

6.2　检定项目与检定方法

6.2.1　检定项目

检定项目见表 15-2。

表15-2　检定项目一览表

检定项目	首次检定	后续检定	使用中检查
外观	+	+	+
静态示值误差	+	+	+
动态相对示值误差	+	+	-
纵向测距相对示值误差	+	+	+
平整度值的测量重复性	+	+	+

注:凡需检定的项目用"+"表示,不需检定的项目用"-"表示。

6.2.2　检定方法

6.2.2.1　用手动和目测检查平整度仪的外观结构和铭牌。

6.2.2.2　静态示值误差的检定过程如下:

a)将平整度仪平稳放置于静态检定场地上,打开地面高差传感器,将控制箱设至工作状态;

b)依次将各档量块放在地面高差传感器垂直下方,读取平整度仪静态示值 H_1;

c)按式(15-1)计算示值误差,取最大值作为静态示值误差。

$$\Delta = H_1 - H_0 \tag{15-1}$$

式中　Δ——误差,mm;

H_1——平整度仪静态示值,mm;

H_0——量块标准值,mm。

6.2.2.3　纵向测距相对示值误差的检定过程如下:

a)用测距仪和记号笔在试验路段标记一条长100 m的直线,并在直线两端标上起、终点,记录为标准距离 S_0;

b)设置平整度仪的平整度值计算距离为100 m,由人力牵引平整度仪至直线起点,使测量轮对准直线方向,且测量轮中轴线与起点对齐;

c)将处于工作状态的平整度仪用人力牵引前进,保持测量轮沿标记直线运动,当接近终点时减慢速度,直至平整度仪输出示值时停止移动;

d)用测距仪测量平整度仪实际移动距离,记录为平整度仪实际移动距离 S;

e)按式(15-2)计算纵向测距相对示值误差 φ。

$$\varphi = \frac{S - S_0}{S_0} \times 100\% \tag{15-2}$$

式中　φ——纵向测距相对示值误差;

S——平整度仪实际移动距离,m;

S_0——标准距离,m。

6.2.2.4　测量重复性的检定过程如下:

a)用测距仪和记号笔在试验路段标记一条长100 m的直线,并在直线两端标上起、终点。

b) 设置平整度仪的采样间距为 0. 1 m、平整度值计算距离为 100 m;

c) 由人力牵引平整度仪至直线起点,使测量轮对准直线方向,且测量轮中轴线与起点对齐,将处于工作状态的平整度仪用人力牵引前进,保持测量轮沿标记直线运动,当接近终点时减慢速度,直至平整度仪输出示值时停止移动,记录输出的平整度值为第 i 次测量的平整度值 σ_i;

d) 重复步骤 c) 6 次;

e) 用牵引车替换人力牵引,以 5 km/h 的速度重复步骤 c) 3 次;

f) 以上 9 次测量的最大平整度值记录为 σ_{max},最小平整度值记录为 σ_{min},按式(15-3)计算平整度值的测量重复性 δ。

$$\delta=\sigma_{max}-\sigma_{min} \tag{15-3}$$

式中　δ——平整度值的测量重复性,mm;

σ_{max}——平整度值的最大值,mm;

σ_{min}——平整度值的最小值,mm。

6.2.2.5　动态相对示值误差的检定过程如下:

a) 选择两段不同平整度值的路段,路面基础平整度值的分布范围分别为 0~1.2 mm 和 1.2 mm 以上;

b) 路面标准平整度值可采用自动平整度测量仪或非自动平整度测量仪;

c) 设置平整度仪的采样间距为 0.1 m、平整度值计算距离为 100 m 后,用牵引车牵引设备按 6.2.2.4 中步骤 c) 重复测量 3 次;

d) 按式(15-4)计算各路段动态相对示值误差 R。

$$R=\left|\frac{\sigma_0-\bar{\sigma}}{\sigma_0}\right|\times 100\ \% \tag{15-4}$$

式中　R——动态相对示值误差;

σ_0——试验路段标准平整度值,mm;

$\bar{\sigma}$——测量结果的算术平均值,mm。

6.3　检定结果处理

检定合格的平整度仪发给检定证书;检定不合格的平整度仪发给检定结果通知书,并注明不合格项目。

6.4　检定周期

平整度仪检定周期一般不超过一年。

第 2 节　八轮连续式平整度仪的注意事项和常见故障

1　注意事项

(1) 在运输、转向、停放平整度仪及其他非测量状态下,将测量轮悬起,减少不必要的磨损和冲撞,从而避免造成传感器的寿命缩短。

(2) 测试速度必须在 10 km 以内。路面情况不好时,测试速度应相应减慢,以免机架颠簸太大影响测量精度。由于仪器的测速相对滞后，当仪器检测到速度大于 8 km/h 时，仪器会发出超速报警。短距离运输时，可以采用机动车牵引，但必须缩短机架锁紧，并悬器测量轮，牵引速度不能大于 25 km/h。

(3) 试验完毕，务必记得关闭无线数据采集器电源，以免电池电量耗尽。

(4) 长时间不使用，必须取出采集器内的电池，电池漏液会严重损毁采集电路板，由于电池漏液造成的故障不在保修之列。使用高能碱性电池可以有效防止电池漏液。

(5) 传感器、采集器、控制箱等电子部件绝对要避免雨淋、受潮等。

(6) 机架轴承、转向机构和其他运动部件要每 6 个月加注 1 次润滑油，防止磨损生锈。使用前要检查连接螺栓是否紧固。

(7) 测量轮的磨损会影响测量精度，仪器使用超过 2 年后，需根据磨损情况更换测量轮。测量轮的标准直径为 160 mm。橡胶表面硬度为 55～70 HA 。

2　常见故障

(1) 打印机无法打印。打开主控制器面板，检查打印机数据排线和电源线是否松脱。

(2) 通信不可靠。检查通信距离是否太远，主控制器和无线数据采集器是否在视距范围内，通信天线是否损坏、折断。

(3) 测试结果明显偏差大。检查测量轮弹簧是否松脱，行走轮、机架是否出现松动。位移传感器需要校准，或者电池电量不足。

(4) 主控制器上的曲线无变化，数据偏差大。位移传感器插头松动。

(5) 主控制器死机。外界突发干扰造成，重新开机即可。

第 3 节　八轮连续式平整度仪测量结果的不确定度评定

1　长度示值测量的不确定度评定

1.1　测量依据

《八轮连续式平整度仪》[JJG(交通) 024—2020]。

1.2　数学模型

测量示值误差由下式得出：

$$\delta = b - B$$

式中　δ——测量示值误差，mm；

b——测量值，mm；

B——标准值，mm。

1.3　传播律及灵敏度系数

传播律公式为

$$u_c^2 = c_1^2 u^2(b) + c_2^2 u^2(B)$$

得

$$c_1 = 1, c_2 = -1$$

1.4 标准不确定度分量的分析与计算

1.4.1 测量示值误差引入的标准不确定度分量 $u(b)$

1.4.1.1 仪表显示分辨力误差引起的标准不确定度分量 $u(b_1)$

八轮连续式平整度仪采用仪表显示，其分辨力为 0.01 mm，属均匀分布，故引入的标准不确定度 $u(b_1)=0.01\times0.29=0.0029(\text{mm})$。

1.4.1.2 测量重复性引起的标准不确定度分量 $u(b_2)$

在重复性条件下，5 mm 的点重复测量 10 次，测量结果见表 15-3。

表 15-3 测量结果

测量次数	1	2	3	4	5	6	7	8	9	10	平均值	标准差
测量值/mm	5.02	5.04	5.02	5.04	5.04	5.04	5.04	5.05	5.06	5.05	5.04	0.012

检定规程测 3 次，所以 $u(b_2)\approx0.012/\sqrt{3}=0.007(\text{mm})$。

1.4.1.3 合成标准不确定度分量 $u(b)$

$$u(b)=\sqrt{u^2(b_1)+u^2(b_2)}=\sqrt{0.0029^2+0.007^2}\approx0.008(\text{mm})$$

1.4.2 标准器引起的标准不确定度分量 $u(B)$

四等量块的最大允许误差为 $\pm(0.2+2L)$ μm，L 为 5 mm 时，最大允许误差为 ±0.012 mm，服从均匀分布。

$$u(B)=0.012/\sqrt{3}\approx0.007(\text{mm})$$

1.5 标准不确定度一览表

标准不确定度汇总见表 15-4。

表 15-4 标准不确定度汇总

标准不确定度分量	不确定度来源	标准不确定度/mm
$u(b)$	测量示值	0.008
$u(B)$	标准器误差	0.007

1.6 合成标准不确定度

$$u_c=\sqrt{u^2(b)+u^2(B)}=\sqrt{0.008^2+0.007^2}\approx0.01(\text{mm})$$

1.7 扩展不确定度

$$取\ k=2,U=2\times0.01=0.02(\text{mm})$$

2 距离的测量不确定度评定

2.1 测量依据

《八轮连续式平整度仪》[JJG(交通) 024—2020]。

2.2 数学模型

距离的测量由下式得出：

$$h=h_1$$

式中 h_1——测量值，mm。

2.3　标准不确定度分量的分析与计算

2.3.1　测量重复性引入的标准不确定度分量 u_1

在相同条件下，运行距离 100 m 重复测量 10 次，测量误差结果如表 15-5 所示。

表 15-5　测量误差结果

测量次数	1	2	3	4	5	6	7	8	9	10	平均值	标准差
测量值/m	0.1	0.1	0.2	0.2	0.1	0.1	0	0	0.1	0.1	0.10	0.066 7

实际检定工作中，测 3 次，取平均值，则 $u_1=0.066\ 7/\sqrt{3}\approx 0.038\ 5(\text{m})$。

2.3.2　标准器引起的标准不确定度分量 u_2

钢卷尺在此长度时的最大允许误差为±0.15 mm，认为服从均匀分布，故

$$u_2=0.15/\sqrt{3}\approx 0.086\ 6\ \text{mm}=0.000\ 086\ 6(\text{m})$$

2.4　标准不确定度一览表

标准不确定度汇总见表 15-6。

表 15-6　标准不确定度汇总

标准不确定度分量	不确定度来源	标准不确定度/m
u_1	测量重复性	0.038 5
u_2	标准器误差	0.000 086 6

2.5　合成标准不确定度

$$u_c^2=\sqrt{0.038\ 5^2+0.000\ 086\ 6^2}\approx 0.039(\text{m})$$

2.6　扩展不确定度

$$取\ k=2,U=2\times 0.039=0.078(\text{m})$$

第 16 章 摆式摩擦系数测定仪计量技术解析

摆式摩擦系数测定仪的基本原理为:有规定位能(力矩)的摆,自水平位置释放下落时,安装于摆臂末端滑溜块上的橡胶片在路面上滑过,然后向上摆动至某一位置,此时摆的位能损失等于克服路面摩擦所做的功。在日常的检定过程中,没能对摆式摩擦系数测定仪相关的技术规范和仪器的使用方法做充分的了解,从而导致检定数据不准确的事情时有发生,结合摆式摩擦系数测定仪在公路工程路面检测中的应用,本章探讨了影响摆式摩擦系数测定仪精确读数值和操作的问题,提出了改进摆式摩擦系数测定仪操作性能的措施,从而提高该仪器的精确度。为了满足日常检定工作的需求,把工作中遇到的一些问题和处理方法简介如下,仅供参考。

第 1 节 《摆式摩擦系数测定仪》[JJG(交通)053—2017]节选

1 范围

本规程适用于摆式摩擦系数测定仪的首次检定、后续检定和使用中检查。

2 引用文件

本规程引用下列文件:

《硫化橡胶或热塑性橡胶 压入硬度试验方法》(GB/T 531)

《摆式摩擦系数测定仪》(JT/T 763)

《公路路基路面现场测试规程》(JTG E60)

凡是注日期的引用文件,仅注日期的版本适用于本规程;凡是不注日期的引用文件,其最新版本(包括所有的修改单)适用于本规程。

3 术语

《界定的术语和定义适用于本规程》(JT/T 763)。

4 概述

4.1 工作原理和用途

摆式摩擦系数测定仪(以下简称摆式仪)是利用“摆的位能损失等于安装于摆臂末端橡胶片滑过被测表面时,克服被测表面摩擦所做的功”的原理,来测定路面、标线或其他材料试件的摩擦系数的仪器。

4.2　摆式仪的分类和结构

摆式仪按照数据采集、显示方式的不同,分为指针式摆式仪和数字式摆式仪。

5　计量性能要求

5.1　摆

5.1.1　摆的总质量为(1.50±0.03)kg。

5.1.2　摆动轴心距摆重心的距离为(410±5)mm。

5.1.3　橡胶片下端与摆动轴心的距离为(510±2)mm。

5.2　最大正向静压力

5.2.1　橡胶片与被测量表面的最大正向静压力为(22.2±0.5)N。

5.2.2　使用挂重法检验,最大静压力对应的滑溜块沿轴向变形距离应为(4.0±0.1)mm。

5.3　滑溜块

5.3.1　用于测定路面摩擦系数的滑溜块的总质量为(32±5)g。

5.3.2　用于测定路面摩擦系数的橡胶片尺寸:长度(76.2±0.5)mm;宽度(25.4±0.5)mm;厚度(6.35±0.50)mm。

5.3.3　用于测量加速磨光机试验后弧形试件抗滑值的总质量为(20±5)g。

5.3.4　用于测量加速磨光机试验后弧形试件抗滑值的橡胶片的尺寸:长度(31.50±0.50)mm;宽度(25.40±0.50)mm;厚度(6.35±0.50)mm。

5.3.5　滑溜块所用橡胶片的邵氏硬度为(55±5)HA。

5.4　摆值重复性

摆值测量结果的标准差应不大于1.2 BPN。

5.5　摆值示值误差

摆值测量结果的示值误差:±2.0 BPN。

6　通用技术要求

6.1　标牌和标志应符合JT/T 763的要求。

6.2　摆式仪的外观应光滑、平整、无锈迹。

6.3　指针在绕轴运动过程中应手感平滑,不应有阻滞或松动现象,无影响读数的缺陷。

6.4　数字显示应清晰、完整,无黑斑和闪跳现象,各按钮功能稳定可靠。

7　计量器具控制

7.1　检定条件

7.1.1　环境条件

检定环境条件如下:

a)环境温度:(20±2)℃;

b)环境湿度:不大于85%RH;

c）检定场地：无影响工作的振动和腐蚀性气体存在。

7.1.2　检定器具

检定器具包括：

a）钢直尺：测量范围不小于 600 mm，分度值不大于 1 mm；

b）游标卡尺：测量范围不小于 150 mm，分度值不大于 0.02 mm；

c）深度千分尺：测量范围不小于 10 mm，分度值不大于 0.01 mm；

d）电子秤：测量范围不小于 1.5 kg，分度值 0.001 kg；

e）天平：测量范围不小于 2 kg，准确度等级三级；

f）A 型邵氏硬度计：测量范围 20～90，试验力不小于 44.5 N；

g）橡胶弹性仪；

h）压力标定架；

i）摆式摩擦系数试块组；

j）高精度摆式摩擦系数测定装置：摩擦系数测量范围 0～1.5；最大允许误差 MPE：±0.01。

7.2　检定项目

检定项目见表 16-1。

表 16-1　检定项目一览表

检定项目		首次检定	后续检定	使用中检查
外观		+	+	+
摆的总质量		+	+	–
摆动轴心距摆重心的距离		+	+	–
滑溜块下端距摆动轴心的距离		+	+	–
最大正向静压力		+	+	–
滑溜块	总质量	+	+	–
	橡胶片尺寸	+	+	–
	橡胶片邵氏硬度			
摆值重复性		+	+	–
摆值示值误差		+	+	–

注：凡需检定的项目用“+”表示，不需检定的项目用“–”表示。

7.3　检定方法

7.3.1　外观

采用目测、手感检查摆式仪外观，其结果应符合 6.1、6.2、6.3、6.4 的要求。

7.3.2 摆的总质量

检定过程如下:

a)将摆轻置于天平的托盘上;

b)待天平读数稳定后,读取并记录测量值;

c)将摆从托盘上取下;

d)重复 a)~c)步骤 3 次;

e)取 3 次测量结果的算术平均值作为摆的质量,其结果应符合 5.1.1 的要求。

7.3.3 摆动轴心距摆重心的距离

检定过程如下:

a)将连接螺母置于摆杆的远端;

b)将摆水平放置于平衡刀口(或专用质心标定支点的刀口)上,找出平衡点并做标记;

c)调整平衡锤至摆锤水平,紧固锁紧螺母,标记摆动轴心的位置;

d)用刻度尺量出摆动轴心至摆的重心标记点的距离,并记录;

e)重复 a)~d)的步骤 3 次;

f)取 3 次测量结果的算术平均值作为摆动轴心距摆重心的距离,其结果应符合 5.1.2 的要求。

7.3.4 滑溜块下端距摆动轴心的距离

用刻度尺测量滑溜块下端部距摆动轴心的距离,重复测量 3 次,再取其算术平均值作为滑溜块下端距摆动轴心的距离,其结果应符合 5.1.3 的要求。

7.3.5 最大正向静压力

采用挂重法对滑溜块的正向静压力进行检定,其结果应符合 5.2 的要求。

7.3.6 滑溜块

7.3.6.1 滑溜块的总质量

检定过程如下:

a)将滑溜块轻置于天平的托盘上;

b)待读数稳定后,读取并记录天平显示值;

c)将滑溜块移出托盘;

d)重复 a)~c)的步骤 3 次;

e)取 3 次测量结果的算术平均值作为滑溜块质量,其结果应符合 5.3.1 或 5.3.3 的要求。

7.3.6.2 橡胶片尺寸

分别用游标卡尺或千分尺测量橡胶片长度、宽度和厚度,每个尺寸重复测量 3 次,取各尺寸 3 次测量的算术平均值作为测量结果,其结果应符合 5.3.2 或 5.3.4 的要求。

7.3.6.3 硬度

按照 GB/T 531 的试验方法,用 A 型邵氏硬度计测量橡胶片的硬度,其结果应符合 5.3.5 的要求。

7.3.7　摆值重复性

按照 JTG E60 中规定的摆式仪操作步骤,用调平后的摆式仪对同一测量对象进行 10 次重复测量,所得测量结果的标准差应符合 5.4 的要求。

7.3.8　摆值示值误差

检定过程如下:

a)按照 JTG E60 中规定的摆式仪操作步骤,用高精度摆式仪测量摆式摩擦系数试块组中各试块的摩擦系数,每个试块重复测量 5 次,取其算术平均值作为测量结果;

b)按照 JTG E60 中规定的摆式仪操作步骤,用摆式仪测量摆式摩擦系数试块组中各试块的摩擦系数,每个试块重复测量 5 次,取其平均值作为测量结果;

c)将摆式仪测量结果与高精度摆式仪的测量结果进行比较,其差值应符合 5.5 的要求。

7.4　检定结果处理

经检定合格的摆式仪,出具检定证书。检定不合格的摆式仪出具检定结果通知书,并注明不合格项目。

7.5　检定周期

摆式仪检定周期一般不超过一年。

第 2 节　摆式摩擦系数测定仪示值误差的不确定度评定

1　概述

1.1　依据

《摆式摩擦系数测定仪》[JJG(交通)053—2017]。

1.2　环境条件

温度为(20±2)℃;环境湿度为不大于 85%RH;场地方面要求无影响工作的振动和腐蚀性气体存在。

1.3　标准器及配套设备

主标准器为高精度摆式摩擦系数测定仪,μ 测量范围为 0~1.5,最大允许误差为 ±0.02。主要配套设备及设施有摆式摩擦系数标准试件组、压力标定架、钢直尺、电子天平、数显卡尺及 A 型邵氏硬度计等。

1.4　测量对象

摆值测量范围为 0~1.5 的工作用摆式摩擦系数测定仪。

1.5　测量方法

根据《摆式摩擦系数测定仪》[JJG(交通)053—2017],使用摆式摩擦系数测定仪检定装置对工作用摆式仪进行整机准确性校准,对测得值(绝对误差)的不确定度进行评定。

2　测量误差模型、合成方差和灵敏系数

2.1　测量模型

数显式摆式摩擦系数测试仪的摆值通过式(16-1)计算得到：

$$\mu_{BPN}=\frac{mgL(\cos\theta-\cos\theta_0)}{NS}\times 100 \tag{16-1}$$

由于摆值是通过计算机数据采集和自动数据处理后得到修正后的测量值，在检定/校准测量值的不确定评定时，只需考虑摆式仪整机的准确性、标准样块以及检定/校准操作过程的影响因素。被检摆式仪校准的示值误差的测量模型为

$$\Delta=f(\mu_{BPN},\mu_{0BPN},x_0,x_1)=(\mu_{BPN}-\mu_{0BPN}-x_0-x_1)/100 \tag{16-2}$$

式中　Δ——被检摆式仪的示值误差，用摩擦系数表示，为 100 μ_{BPN}(摆值)；

μ_{BPN}——工作用摆式摩擦系数测定仪示值；

μ_{0BPN}——高精度摆式摩擦系数测定仪示值；

x_0——标准试件的年稳定性；

x_1——标准试件安装时的误差。

2.2　计算灵敏系数和合成方差

灵敏系数：

$$c_1=\frac{\partial\Delta}{\partial\mu_{BPN}}=1;c_2=\frac{\partial\Delta}{\partial\mu_{0BPN}}=-1$$

$$c_3=\frac{\partial\Delta}{\partial x_0}=-1;c_4=\frac{\partial\Delta}{\partial x_1}=-1$$

合成方差：

$$u_c^2(\delta)=c_1^2u_1^2+c_2^2u_2^2+c_3^2u_3^2+c_4^2u_4^2=u_1^2+u_2^2+u_3^2+u_4^2 \tag{16-3}$$

3　不确定度分量分析估算

3.1　摆式摩擦系数测定仪检定装置引入的不确定度

高精度摆式摩擦系数测定仪由校准证书可知：$U=0.02$，$k=2$，采用 B 类评定，则其标准不确定度：

$$u_1=\frac{U}{k}=\frac{0.02}{2}=0.01$$

3.2　工作用摆式仪引入的不确定度

3.2.1　测量重复性引入的不确定度

摆式仪重复性测试，用高精度摆式仪对一块标准试件做 5 次测量，给出赋值 A，然后用工作摆式仪进行 10 次测量。选 A_1 和 B_1 两块标准试块，用高精度摆式摩擦系数测定仪赋值 71.2 BPN 和 12.6 BPN，然后在重复性测量条件下，使用摆式仪分别对两种类型的摆式摩擦系数标准试件重复测试 10 次，其测量值(摩擦系数的 100 倍)如表 16-2 所示。

表 16-2　重复性测量数据　　单位:BPN

测量次数	1 次	2 次	3 次	4 次	5 次	6 次	7 次	8 次	9 次	10 次
火山岩	71.4	71.6	70.7	72.7	71.5	72.7	70.6	70.4	70.9	70.4
纹玻璃	11.5	11.6	11.5	12.6	13.1	12.3	11.5	11.6	12.5	12.5

根据表 16-2 分别计算 10 次测量列的标准偏差 s,其中 $n=10$。

$$s=\sqrt{\frac{\sum_{i=1}^{n}(\mu_i-\bar{\mu})^2}{n-1}} \tag{16-4}$$

由于摆值为 5 次测量的平均值,则由重复性引入的标准不确定度分量 $u_{21}=\frac{s}{\sqrt{m}}$,其中 $m=5$,取标准差 s 的较大值计算重复性引入的不确定度 u_{21}。

$$u_{21}=\frac{s}{100\sqrt{m}}=\frac{0.86}{100\sqrt{5}}\approx 0.003\ 8 \tag{16-5}$$

3.2.2　被检摆式仪分辨力引入的不确定度分量

被检工作用摆式仪分为数显式与指针式,数显式分辨力 δ_1 为 0.1(BPN)即 0.001,指针式分辨力 δ_2 为 1(BPN),即 0.01,所以由被检工作用摆式仪分辨力引入的不确定度为 $0.289\ \delta$。

数显式:　$u_{22}=0.289\delta_1=0.000\ 29$

指针式:　$u_{23}=0.289\delta_2=0.002\ 9$

根据 JJF 1033—2023,在测量不确定度评定中,当检定或校准结果的重复性引入的不确定度分量大于被检定或被校准仪器的分辨力引入的不确定度分量时,此时重复性中已经包含分辨力对检定或校准结果的影响,故不再考虑分辨力引入的不确定度分量,即

$$u_2=u_{21}=0.003\ 8$$

3.3　标准试件的年稳定性引入的不确定度

本标准装置的标准试件组与上级标准装置的标准试件组的计量性能为同类型、同等级测试件,根据上级高精度摆式摩擦系数标准装置的技术参数,其 MPE=±1 BPN,标准试件组的年稳定性为±1 BPN,取其半宽 1 BPN,按正态分布,取 $k=2$,则其不确定度分量:

$$u_3=\frac{1}{k}\times 0.01=0.005$$

3.4　标准试件测试安装时带来的不确定度

在检定测试过程中,需要反复变换测试标准件,在标准试件的安装时需要通过调整摆式的高度来调节测试块的摩擦长度,测试块的摩擦长度是通过试验人的肉眼观察到的,因此存在误差,根据长期的经验,变换试件引入的误差不大于±0.5 BPN,取其半宽,按分布

概率为三角分布计算，则其不确定度分量：

$$u_4=\frac{0.5}{\sqrt{6}}\times 0.01\approx 0.002$$

3.5　合成标准不确定度估算

摆式仪的测量不确定度见表 16-3。

表 16-3　摆式摩擦系数测定仪的测量不确定度

序号	测量不确定度来源	类别	数值	分布类别及置信系数	标准不确定度分量(摩擦系数)	符号
1	摆式摩擦系数测定仪检定装置引入的不确定度分量	B	$U=0.02, k=2$（见校准证书）	均匀，$k=2$	0.01	u_1
2	重复性引入的不确定度分量	A	0.003 8		0.003 8	u_{21}
	被检摆式仪分辨力引入的不确定度分量	B	数显式 0.1 BPN	均匀，$\sqrt{3}$	0.000 29	u_{22}
		B	指针式 0.5 BPN	均匀，$\sqrt{3}$	0.002 9	u_{23}
3	标准试件的年稳定性引入的不确定度分量	B	±1 BPN	正态，$k=2$	0.005	u_3
4	标准试件安装时带来的不确定度	B	±0.5 BPN	三角，$\sqrt{6}$	0.002	u_4

由于表 16-3 中各项不确定度分量不相关，则

$$u_c=\sqrt{u_1^2+u_2^2+u_3^2+u_4^2}\approx 0.012$$

3.6　扩展不确定度计算

取 $k=2$，则 $U=ku_c=2\times 0.012=0.024$。

第 3 节　对摆式摩擦系数测定仪操作性能的探讨

进入 21 世纪以来，随着我国国民经济的发展，我国的公路建设事业为全面落实党的科学发展观，对加快公路建设事业发展、促进社会主义新农村建设有着积极重要的意义。农村公路的建设是落实社会主义新农村建设的桥梁，因此在我国的公路建设目标中，提出了建成“三横四纵”的高速公路，农村要实现村村通公路的全国路网目标，为实现这一目标，我国的公路建设事业还将是可持续发展的交通事业。

在行业中，交通运输部针对我国公路建设制定了一系列的建设施工检测规范，其中在路面检测中，规程要求路面的表面应有足够的抗滑能力。其目的是保证汽车的行车安全，若路面抗滑能力不足，汽车启动就会产生横向滑移，当汽车紧急刹车时，所需的制动距

离就会增长,因而容易触发交通事故。目前,根据 JJG(交通)053—2017,评定路面粗糙度的指标,常采用的检测仪器是用摆式摩擦系数测定仪,因此路面摩擦系数检测是评定路面抗滑能力的一个重要指标。在公路路面检测中,摆式摩擦系数测定仪已经应用于我国公路路面抗滑值的检测,为我国的公路建设事业做出了贡献。在多年的路面试验检测及仪器维修过程中发现摆式摩擦系数检测仪有如下问题。

1　影响精确读数值的问题初探

(1)近来我们在试验检测过程中,使用了两种款式的摆式摩擦系数测定仪。款式一:仪器精确读数摆值为 2 BPN,2 BM 以下值要估读;款式二:该摆值精确数值为 10 BPN,0 BM 以下值要估读,根据 JJG(交通)053—2017 要求检测的摆值 BPN 最大值与最小值之差不得大于 3 BPN,读数精确值 BM 与规范要求有差距。但目前市场上也有摆值精确至 1 BPN 的摆式摩擦系数测定仪,这里不做说明。

(2)指针与调节螺母之间间隙,没有一个具体标准值。作者在试验检测过程中使用同一个厂家生产的 4 台摩擦系数测定仪,有 1~5 BM 摆值的误差。造成这一摆值误差的原因是:由于指针与调节螺母之间活动间隙大小不一样,从而在操作过程中,当摆砣下摆时,如摆杆带动指针阻力大,则读数摆值就偏大,摆砣下摆时阻力小,则读数摆值就偏小。因此,指针与调节螺母之间的活动间隙大小是直接影响 BM 摆值读数的原因。

(3)摆砣上的滑块连接螺杆强度不够,容易变形,变形后滑块上的橡胶摩擦角与摆轴中心距离变短,从而滑块上的橡胶摩擦片与地面摩擦角发生变化,可造成摆值 BM 读数误差。

2　影响操作的问题初探

(1)摆式仪(见图 16-1)后支点脚与底座由于是铰链连接,整体不易形成三角固定,摆砣下摆时仪器整体晃动。

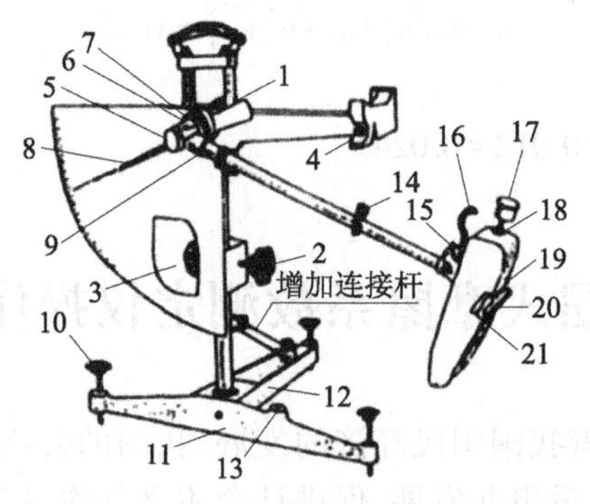

1,2—紧固把手;3—升降把手;4—释放开关;5—转向节螺盖;6—调节螺母;7—针簧片或毡垫;8—指针;9—连接螺母;10—调平螺栓;11—底座;12—铰链;13—水准泡;14—卡环;15—定位螺丝;16—举升柄;17—平衡锤;18—并紧螺母;19—滑溜块;20—橡胶片;21—止滑螺丝。

图 16-1　摩擦仪结构图

(2)底座太轻,在试验检测过程中,摆砣下摆容易造成仪器整体摆动。

(3)底座 3 个支点脚可调节螺栓距离短,难以满足路面检测时的要求。

(4)摩擦片容易掉落。

(5)摆杆容易松动,当摆杆松动时,摆砣下摆容易打在底座支脚调节手柄上,可造成摆砣被打坏现象。

(6)摆砣举降柄强度不够,变形后摆砣提举不能到位。

(7)主体升降机构的调节手柄又呆又紧,扭力大,检测时难操作。

3　改进措施

(1)摩擦系数摆值必须精确读数为 1 BM,这样才能符合规范要求。

(2)摆式仪指针与调节螺母之间的活动间隙,要有一个检测准值。这个标准可采用在指针上悬挂砝码的办法来解决。例如:指针归零后,挂上 1 g 重的砝码,则以指针下降 2 BM 为标准即可。

(3)滑块连接螺杆,要有足够的强度,螺杆增大 1 mm 就可满足强度要求。

(4)后支点脚与底座铰链连接还需要增加一个固定连接杆。可采用三角形固定在主轴上,也可采用扁担形式固定在底座上。

(5)3 个支点脚调节水平的螺杆短,需加长 10 mm,就可满足检测的要求。

(6)摆式仪底座质量偏轻的问题,作者在试验检测与仪器维修过程中,在 3 个支点脚上各加重 1 kg,效果很好,检测时仪器不发生晃动。

(7)橡胶摩擦片容易掉落的问题。解决办法是:可在摩擦片底座上钻两个 4.2 mm 的孔,攻 M5 的丝,同时摩擦片钻孔用胶合后,将 M5 的沉头螺丝紧固,摩擦片就不容易掉落了(见图 16-2)。

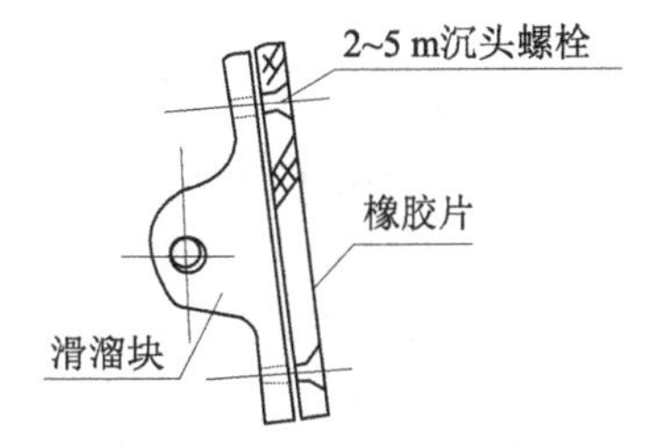

图 16-2　摩擦片的固定

(8)摆杆松动问题。可在摆动杆连接部设计一个定向卡环,其目的是,如果紧固螺母松动,也不会因摆杆松动旋转摆砣使摆杆打在底座支架上。

(9)摆砣举降柄适当增加强度,手提举降柄时应不变形。

(10)主体升降机构,在原设计上是靠一小齿轮通过手柄旋转调节升降,调节仪器主体上升时,小齿轮单边受力,调节扭力过大,难操作。主杆升降可改为梯形螺纹,下设一个梯形调节螺母,上设一个锁紧螺母,在主轴升降杆上开两个键槽作主体升降定向,可解决升降难操作问题。

任何一种仪器的设计、生产,其目的是达到某个试验数据符合规范要求,摆式摩擦系数测定仪的核心技术指标主要有 5 个:

①摆砣的质量一定要为(1 500±30)g。

②摆值精确读数为 1 BM。

③摆砣摩擦角与摆杆中心距离达到(410±5)mm。

④摩擦片,尺寸为 63.5 mm×25.4 mm×76.2 mm。

⑤摩擦片与地面的角度。至于其他的结构,设计者、生产厂家应多到现场了解试验操作的使用情况与感受,完善仪器使用性能,试验者才能更好地检测精确的试验数据,从而提供重要的技术指标。

第 17 章　贯入式砂浆强度检测仪的研究

贯入式砂浆强度检测仪是一种采用贯入法检测砌筑砂浆抗压强度的仪器，在工业与民用建筑物砌筑砂浆抗压强度检测中得到了广泛推广和应用，其准确与否直接关系着建筑工程质量。

第 1 节　《贯入式砂浆强度检测仪校准规范》(JJF 1372—2012)节选

1　范围

本校准规范适用于贯入式砂浆强度检测仪(以下简称贯入检测仪)的校准。

2　引用文件

本规范引用了下列文件：

《通用卡尺》(JJG 30)

《指示表(指针式、数显式)》(JJG 34)

《测量不确定度评定与表示》(JJF 1059)

《贯入法检测砌筑砂浆抗压强度技术规程》(JGJ/T 136—2001)

凡是注日期的引用文件，仅注日期的版本适用于本规范；凡是不注日期的引用文件，其最新版本(包括所有的修改单)适用于本规范。

3　术语

3.1　贯入法检测

根据测钉贯入砂浆的深度和砂浆抗压强度间的相关关系，采用压缩工作弹簧加力，把一测钉贯入砂浆中，由测钉的贯入深度来检测砂浆抗压强度的检测方法。

3.2　贯入力

贯入检测仪工作弹簧弹性变形产生的作用力。

3.3　工作行程

贯入检测仪工作时，测钉可能贯入砂浆的深度范围。

4　概述

贯入式砂浆强度检测仪通常用于砌缝砂浆强度的现场快速检测，该仪器包括贯入检测仪主机和深度测量仪两部分，贯入检测仪主机构造如图 17-1 所示。贯入式砂浆强度检测仪采用压缩工作弹簧加力，把一特制测钉贯入砂浆中，利用测钉贯入的深度和砂浆的抗压强度相关这一原理,根据测钉的贯入深度来检测砂浆的抗压强度。

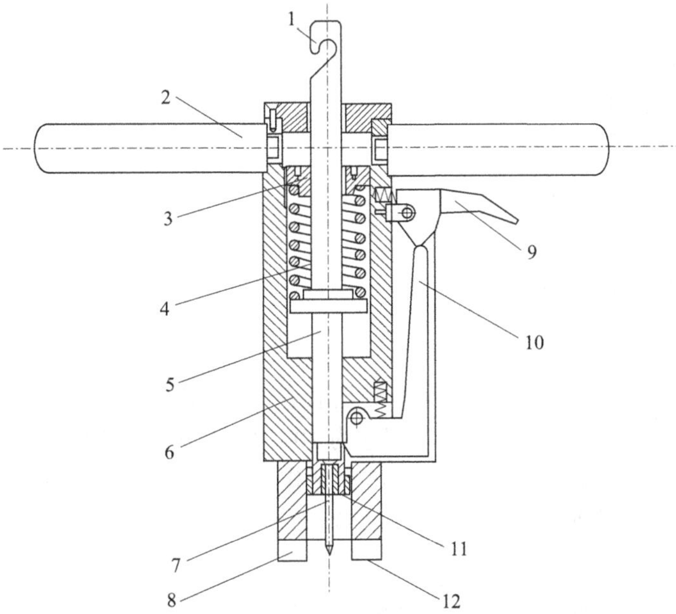

1—贯入杆外端;2—把手;3—调整螺母;4—工作弹簧;5—贯入杆;6—主体;
7—测钉;8—扁头;9—扳机;10—挂钩;11—贯入杆端面;12—扁头端面。

图 17-1　贯入检测仪主机构造示意图

5　计量特性

5.1　贯入力

贯入检测仪的贯入力在工作弹簧变形 20 mm 时的理论值为 800 N,实测时示值允许相对误差为±1%;示值重复性相对误差为±1%。

5.2　工作行程

5.2.1　贯入检测仪主机装上测钉后,扁头端面应和测钉尖头位置相差不能大于0.1 mm。

5.2.2　工作行程应为 20 mm,最大允许误差为±0.10 mm。

5.3　深度测量装置及测头外露长度

测量范围:0 ~ 20 mm;分度值优于:0.01 mm;测头外露长度允许误差(适用时):±0.02 mm。

5.4　测钉

长度:(40±0.10)mm;

直径:3.5 mm。

注:以上所有指标不适用于合格性判别,仅提供参考。

6　校准条件

6.1　环境条件

环境温度:(23±10)℃;

相对湿度:<85%。

6.2　校准所用计量标准、设备

6.2.1　力值测量装置

力值测量不确定度:0.3%(k=2);

位移测量不确定度:0.3%(k=2)。

6.2.2　游标卡尺(带测深功能)

测量范围:0~100 mm;

分度值:0.02 mm。

7　校准项目和校准方法

7.1　贯入力

7.1.1　首先把贯入检测仪正确安装到力测量装置上,对其施加至少 3 次预加载,每次达到额定变形 20 mm,额定变形的保持时间应为 10~30 s。每次预加载完成后,需等待 10~30 s。加卸试验力应缓慢平稳,不得有冲击和超载。

7.1.2　施加试验力到变形 20.2 mm,卸载试验力值使变形到达 20 mm 的变形值,读取力值测量装置施加的试验力。

7.1.3　再重复 7.1.2 步骤二次,各次校准值均应满足 5.1 的要求。

7.2　工作行程

7.2.1　贯入检测仪主机装上测钉,使用游标卡尺测量贯入检测仪(工作弹簧处于自由状态)扁头端面与测钉尖头位置在测钉方向上的距离 L_0,并判断是否满足 $|L_0|\leqslant 0.1$ mm。

7.2.2　卸下测钉,测量贯入检测仪(工作弹簧处于自由状态)扁头端面与贯入杆端面在测钉方向上的距离 L_1,给贯入仪工作弹簧加荷,直至挂钩挂上为止(工作弹簧处于工作状态),使用游标卡尺测量贯入检测仪扁头端面与贯入杆端面在测钉方向上的距离 L_2。使用式(17-1)计算实际工作行程。

$$L=L_2-L_1 \tag{17-1}$$

式中　L——贯入检测仪工作行程,mm;

L_1——工作弹簧处于自由状态时的扁头端面与贯入杆端面在测钉方向上的距离,mm;

L_2——工作弹簧处于工作状态时的扁头端面与贯入杆端面在测钉方向上的距离,mm。

7.3　深度测量装置及测头外露长度

7.3.1　深度测量装置应按照 JJG 34 或 JJG 30 进行检测。

7.3.2　将测头外露部分压在钢制平台上,直至扁头端面和钢制平台表面重合。此时深度测量仪的读数应在(20±0.02)mm。

7.4　测钉

抽取新测钉,使用游标卡尺分别测量测钉的长度、直径。

8　校准结果

校准后,出具校准证书。校准证书至少应包含以下信息:

(1)标题:“校准证书”;

(2)实验室名称和地址;

(3)证书或报告的唯一性标识(如编号),每页及总页数的标识;

(4)送校单位的名称和地址;

(5)被校对象的描述和明确标识;

(6)进行校准的日期,如果与校准结果的有效性和应用有关时,应说明被校对象的接收日期;

(7)对校准所依据的技术规范的标识,包括名称及代号;

(8)本次校准所用测量标准的溯源性及有效性说明;

(9)校准环境的描述;

(10)校准结果及其测量不确定度;

(11)校准证书签发人的签名、职务或等效标识,以及签发日期。

9　复校时间间隔

校准时间间隔由用户根据使用情况自行确定,建议复校时间为6个月。

第2节　贯入检测仪的贯入力示值误差测量结果不确定度评定

1　测量方法

依据JJF 1372—2012,采用0.3级力值测量装置对贯入检测仪的贯入力示值误差进行校准。

2　数学模型

贯入力示值误差计算公式为

$$\delta = F_{\mathrm{a}} - F_{\mathrm{b}} \tag{17-2}$$

式中　δ——贯入力示值误差;

F_{a}——贯入检测仪的贯入力理论值,N;

F_{b}——力值测量装置的示值,N。

3　方差和灵敏系数

方差为

$$u_{\mathrm{c}}^2 = u^2(\delta) = c_1^2 \cdot u^2(F_a) + c_2^2 \cdot u^2(F_b) \tag{17-3}$$

灵敏系数为

$$c_1=\frac{\partial\delta}{\partial F_a}=1;\qquad c_2=\frac{\partial\delta}{\partial F_b}=-1$$

4　各项标准不确定度

4.1　力值测量装置力值引入的标准不确定度

力标准机的力值测量合成不确定度为0.3%，按均匀分布考虑，$k=2$，则

$$u_b=\frac{800\times0.3\%}{2}=1.20(\text{N})$$

4.2　示值重复性引入的不确定度

在相同条件下对某台贯入检测仪重复测量10次，弹簧变形量为20 mm时的贯入力测量数据见表17-1。

表17-1　弹簧变形量为20 mm时的贯入测量数据

弹簧变形量/mm	力标准机示值/N										平均值/N
20	797.5	804.0	803.5	803.8	798.2	800.4	798.6	804.3	804.2	802.6	801.71

由测量数据计算单次试验标准偏差：

$$s(x)=\sqrt{\frac{\sum_{i=1}^{n}(x_i-\bar{x})^2}{n-1}}\approx2.75\ (\text{N})$$

以3次测量的平均值作为校准值时，示值重复性引入的标准不确定度分量：

$$u_a=\frac{s(x)}{\sqrt{3}}\approx1.59(\text{N})$$

5　各项不确定度分量一览表

将上述不确定分量列入表17-2。

表17-2　弹簧变形量为20 mm的不确定度分量

不确定来源	标准不确定度 $u(x_i)$/N	灵敏系数 c_i	不确定度分量 $\lvert c_i\rvert\cdot u(x_i)$/N
力值测量装置力值引入	$u_b=1.20$	−1	1.20
示值重复性引入	$u_a=1.59$	1	1.59

注：由温度变化所引入的不确定度与其他因素引入的不确定度相比属于高阶小量，Δt、k对不确定度的贡献忽略不计。

6　合成标准不确定度 u_c

力值合成标准不确定度为

$$u_c(\delta)=\sqrt{\sum_{i=1}^{n}[c_i u(x_i)/x_i]^2}=\sqrt{(1.20)^2+(1.59)^2}\approx 1.99(\mathrm{N})$$

7　扩展不确定度 U

取包含因子 $k=2$,则

$$U=k\times u_c(\delta)=2\times 1.99\approx 4.0(\mathrm{N})$$

8　相对扩展不确定 U_{rel}

由 F_b 的平均值 $\overline{F_b}=801.71$ 可得：

$$U_{rel}=\frac{U}{\overline{F_b}}=0.50\%$$

第 3 节　贯入式砂浆强度检测仪校准装置的设计和应用

贯入式砂浆强度检测仪是一种采用贯入法检测砌筑砂浆抗压强度的仪器,在工业与民用建筑物砌筑砂浆抗压强度检测中得到了广泛推广和应用,是检测砂浆强度的常用仪器,其准确与否直接关系着建筑工程质量。依据《贯入式砂浆强度检测仪校准规范》(JJF 1372—2012)中的规定,须对贯入仪弹簧压缩 20 mm 工作行程时的力值以及由 800 N 力值回归到零值时的行程进行校准。目前,采用的校准方法为:使用电子材料试验机,并加工 U 形架配件,当试验机压头与贯入杆端面接触时向下压 20 mm,并记录最终力值。

首先,该方法使用的大多试验机为非贯入仪专用试验机,故其自动化检测水平较低,检测效率低; 其次,一般的试压机没有与贯入仪相应的装夹附件,这可能影响校准结果并带来不安全因素;再次,在判定接触时,人为观察其接触与否对测量结果影响较大,并且为达到理想的接触条件要对试验机进行大量操作,因为当试验机上显示有力值时意味着贯入仪弹簧已被压缩,当试验机上力值显示为零时又意味着试验机与贯入仪尚未接触,这种似接触而非接触的试验条件会导致测量结果的重复性较大。在此背景下,提出研制全自动贯入仪校准装置成为必然。

高精度全自动贯入式砂浆强度检测仪校准装置应用高精度力值位移传感器作为主标准器并设计配套动态数据采集软件、对中夹紧装置、扳机自动控制系统及回程测量程序,该装置可满足各科研院所的检测需求,保证贯入式砂浆强度检测仪的可靠溯源。

1　系统结构及特点

1.1　系统结构简图

系统结构简图如图 17-2 所示。

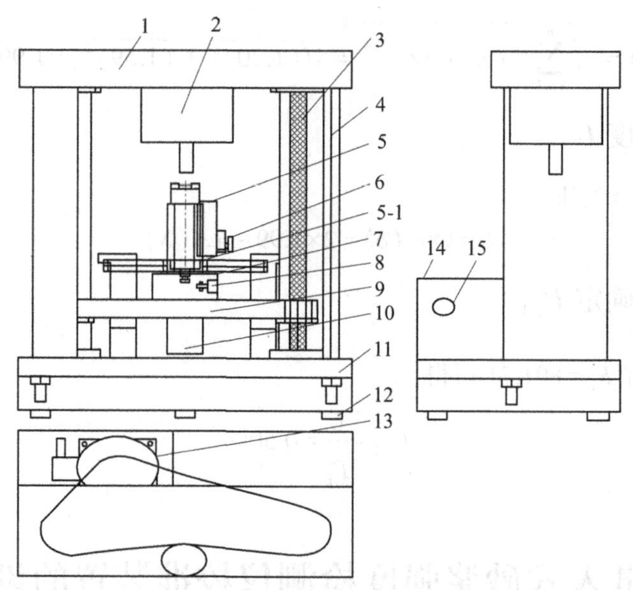

1—上横梁；2—力值传感器；3—丝杠；4—光杠；5—砂浆强度检测仪；
5-1—砂浆强度检测仪的扳机；6—扳机动作控制装置；7—砂浆强度检测仪固定底座；
8—手轮；9—移动横梁；10—测位移组件；11—底座；12—支脚；13—电机；14—控制柜；15—开关。

图 17-2　贯入式砂浆强度检测仪校准装置简图

1.2　校准装置主要技术参数

力值传感器测量范围：10~1 000 N，准确度等级 0.1 级，分辨力 0.01 N。

位移传感器测量范围：50 mm，相对扩展不确定度 0.1%，分辨力 0.005 mm。

横梁上下移动速度可控：0.1 mm/s。

1.3　结构特点

1.3.1　外部框架

该装置由上横梁、移动横梁、底座、双滚珠丝杠和 4 根高强度光杠形成高刚性的框架结构。由于需要捕捉贯入杆外端与传感器的脱离点及相关位移点，使用了具有高响应频率的模数转换器，传动效率高、传动平稳的交流伺服系统；移动横梁与双滚珠丝杠连接，通过丝杠的螺纹间距控制进给，从而实现了该砂浆强度检测仪校准装置在上下移动时，具有精度高、惯性小、调整范围宽和性能稳定的特点。

1.3.2　测量组件

该装置将力值传感器固定于上横梁，贯入仪固定底座固定于移动横梁上方，固定底座为环形结构，测位移组件固定于移动横梁下方，其位移传感器置于中空的固定底座中与力值传感器同心。固定底座配有装夹附件和扳机自动控制装置，装夹附件钳口是按照贯入仪主体加工制作，通过转动固定底座上的手轮，装夹附件将横向夹紧贯入仪并将其置于底座环形中心，从而使力值传感器、贯入杆和位移传感器的轴线重合；为实现自动化校准，设计了扳机自动控制装置，软件通过控制装置带磁铁压片在校准过程中完成吸、压扳机动作。贯入仪夹持附件及扳机自动控制装置提高了整个装置的安全性和自动化程度。

2　工作原理及使用

2.1　测控程序开发

为了保证校准装置的正常运行，该装置在 Windows XP 操作系统平台上，以 C++为基本软件开发和调试工具，采用单力值指标控制，完成了校准装置的软件设计，检测过程如图 17-3 所示。

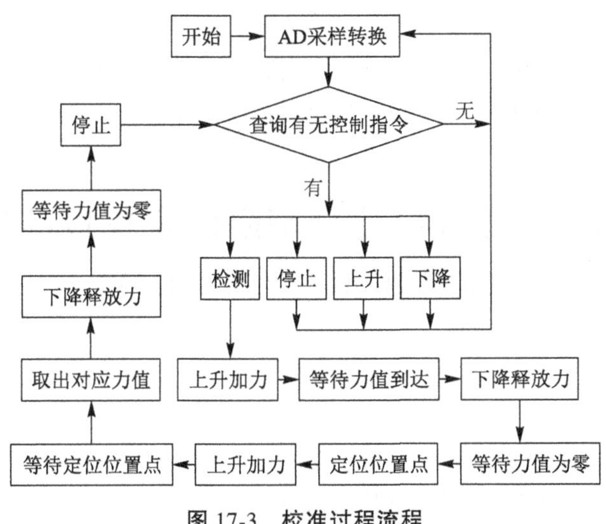

图 17-3　校准过程流程

2.2　检测过程与方法

打开计算机进入软件界面，将释放工作弹簧的贯入仪倒置于固定底座，贯入杆外端伸入侧位移组件，摇动手轮夹紧贯入仪并对中；扳机自动控制装置压下贯入仪扳机，移动横梁开始向上缓慢移动，当贯入仪端面与力值传感器压帽接触后继续向上移动，压缩贯入仪弹簧，当力值传感器实时力值达到 849~851 N 时，扳机控制装置升起，通过贯入仪挂钩弹簧和扳机控制装置的磁铁将贯入仪扳机抬起，完成上膛；移动横梁下移，在力传感器力值为 0 的同时获取此位置点，移动横梁继续下移一段距离后停止，继而向上移动；当贯入仪端面与力值传感器接触，移动横梁继续向上使力值传感器实时力值达到 849~851 N，扳机控制装置压下贯入仪扳机，移动横梁停止上升并缓慢向下移动，在回程中，从获取位置点开始记录力值、位移数据，并实时绘出力值-位移曲线图，直至移动横梁回到初始位置，完成整个测量过程。

该装置采用的回程检测法相比过去的检测方法有较大的创新。①回程检测中所测力值与位移是扳机释放时所产生的力值与弹簧的工作行程，复现了贯入仪的实际使用工况。②其次这种回程检测法可以避免传统试验机检测当中似接触非接触的试验条件引入的误差。③这种校准方法是否可行的关键是位移点的定位是否准确，通过计算验证由定位位移点和取出位移点时分辨力引入的不确定度分量分别为 0.002 9 N 和0.001 4 mm，其对整个装置的精度影响很小，故此方法准确可靠。④软件会根据实时测得的数据自动绘制出力值-位移曲线图，对于获得工作弹簧弹性系数及判别贯入仪内部是否有擦靠有较大帮助。⑤装置本身自动化程度高，贯入仪被装夹后无需再进行人工操作，极大减小了劳动强度。

第 18 章　非金属建材塑限测定仪计量技术解析

非金属建材塑限测定仪校准规范适用于水泥净浆标准稠度与凝结时间测定仪、砂浆稠度仪、沥青针入度和土壤液塑限测定仪的校准。本章从校准规范、校准规范解读,以及校准过程中所遇到的问题和不确定度分析等方面进行阐述。

第 1 节　《非金属建材塑限测定仪校准规范》(JJF 1090—2002)节选

1　范围

本规范适用于水泥净浆标准稠度与凝结时间测定仪、砂浆稠度仪、沥青针入度仪、土壤液塑限测定仪(以下简称塑限测定仪)的校准。

2　概述

(1)水泥净浆标准稠度与凝结时间测定仪是根据水泥的触变性测量水泥标准稠度用水量和凝结时间的专用计量仪器,是通过压头在固定试验力作用下垂直插入标准稠度水泥中,以固定时间的插入深度或以固定深度的插入时间来表达的。

(2)砂浆稠度仪是测量砂浆稠度的专用计量仪器,是通过标准圆锥以固定的试验力垂直插入砂浆深度来表达的。

(3)沥青针入度仪是测量沥青针入度的专用计量仪器,是通过标准针在一定试验力、时间及温度条件下垂直插入沥青试样深度来表达的。

(4)土壤液塑限测定仪是测量土壤液塑限的专用计量仪器,是通过标准圆锥在一定的试验力、时间下垂直插入土壤试样深度来表达的。

3　计量特性

3.1　塑限测定仪滑动部分质量

塑限测定仪滑动部分质量要求见表 18-1。

表 18-1 塑限测定仪滑动部分质量要求

项目	类型			
	水泥净浆标准稠度与凝结时间测定仪	砂浆稠度仪	沥青针入度仪	土壤液塑限测定仪
滑动部分质量/g	300±1	300±1	50±0.05 100±0.05 200±0.05	76±0.2 100±0.2

3.2 塑限测定仪压头

3.2.1 水泥净浆标准稠度与凝结时间测定仪压头

水泥净浆标准稠度与凝结时间测定仪压头的几何形状和几何量要求见图 18-1 和表 18-2。

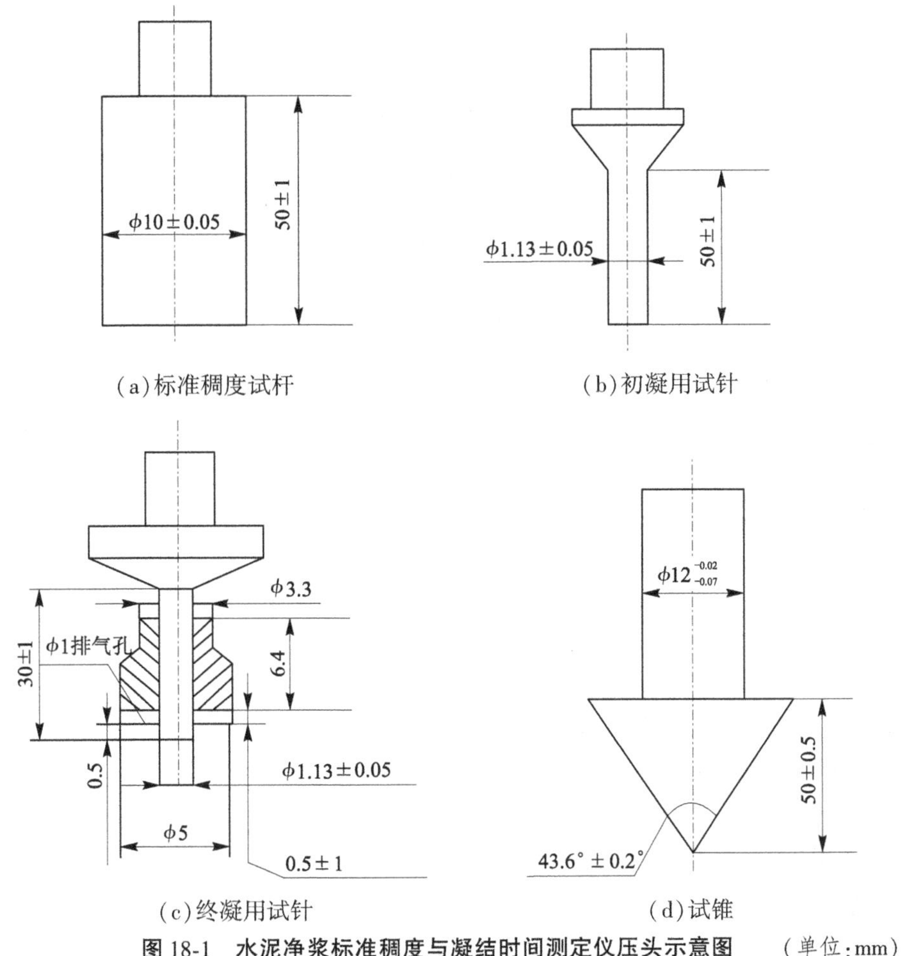

图 18-1 水泥净浆标准稠度与凝结时间测定仪压头示意图 (单位:mm)

表 18-2 水泥净浆标准稠度与凝结时间测定仪压头的几何量要求

压头类型	几何量				
	有效长度/mm	直径/mm	圆锥角/(°)	高度/mm	表面粗糙度 $Ra/\mu m$
标准稠度试杆	50±1	10±0.05	—	—	1.6
初凝用试针	50±1	1.13±0.05	—	—	1.6
终凝用试针	30±1	1.13±0.05	—	—	1.6
试锥	—	—	43.6±0.2	50±0.5	1.6

3.2.2 砂浆稠度仪压头

砂浆稠度仪的压头为圆锥形，其几何形状和几何量要求见图 18-2 和表 18-3。

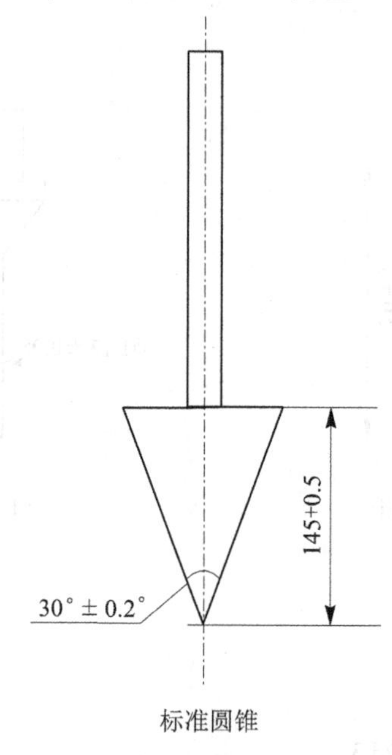

图 18-2 砂浆稠度仪压头示意图

表 18-3 砂浆稠度仪压头的几何量要求

压头类型	几何量		
	圆锥角/(°)	锥度/mm	表面粗糙度 $Ra/\mu m$
标准圆锥	30±0.2	145±0.5	1.6

3.2.3 沥青针入度仪压头

沥青针入度仪标准针的几何形状和几何量要求见图 18-3 和表 18-4。标准针的洛氏硬度为 54~60 HRC。

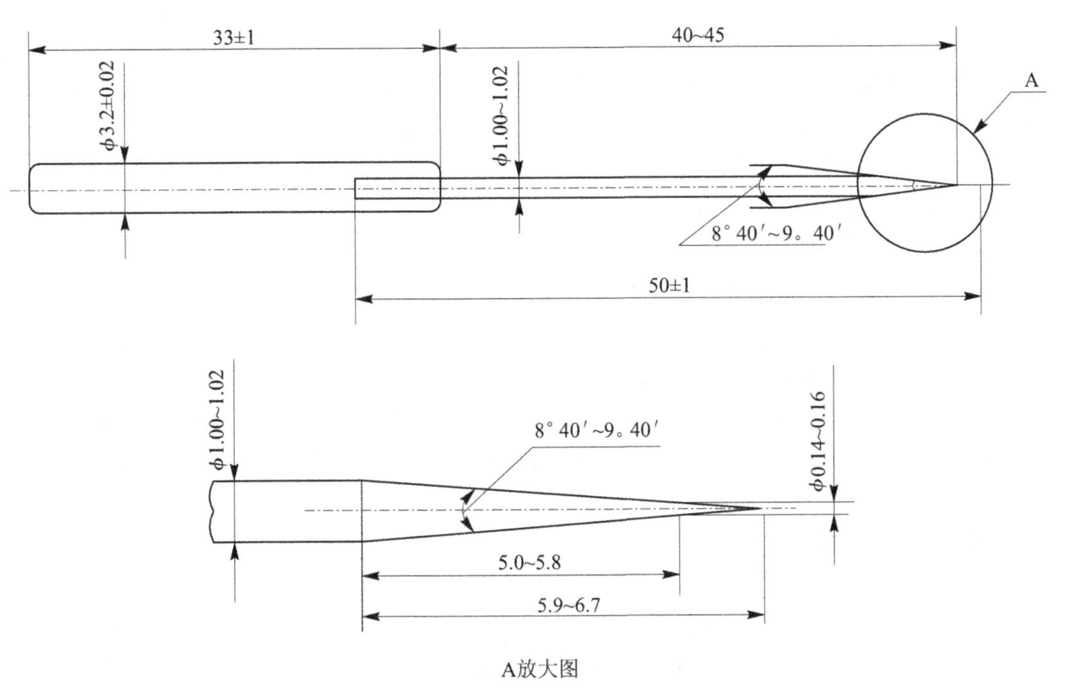

图 18-3　沥青针入度仪压头示意图

表 18-4　沥青针入度仪压头的几何量要求

压头类型	几何量	
	长度/mm	表面粗糙度 *Ra*/μm
标准针	50±1	0.2～0.3

3.2.4　土壤液塑限测定仪压头

土壤液塑限测定仪压头为圆锥形，圆锥的几何形状和几何量要求见图 18-4 和表 18-5。

表 18-5　土壤液塑限测定仪压头几何量要求

压头类型	几何量		
	圆锥角/(°)	锥尖磨损高度/mm	表面粗糙度 *Ra*/μm
标准圆锥	30±0.2	≤0.3	1.6

3.3　塑限测定仪指示装置

3.3.1　水泥净浆标准稠度与凝结时间测定仪指示装置

水泥净浆标准稠度与凝结时间测定仪指示装置显示范围：用 S 标尺为 0～70 mm，最小分度值不超过 1 mm，示值误差不超过±0.5 mm，示值重复性不超过 0.5 mm；用 P 标尺为 21%～33.5%，最小分度值不超过 0.25%。S 尺和 P 标尺的读数换算关系应符合 $P(\%)=33.4-0.185\ S$。

3.3.2　砂浆稠度仪指示装置

砂浆稠度仪指示装置的示值范围为 0 ~ 145 mm 或 0 ~ 229.3 cm^3,最小分度值不超过 1 mm 或 0.1 cm^3,示值误差不超过±0.5 mm,示值重复性不超过 0.5 mm。

3.3.3　沥青针入度仪指示装置

沥青针入度仪指示装置的示值范围不小于 55 mm,最小分度值不超过 0.1 mm,示值误差不超过±0.1 mm,示值重复性不超过 0.1 mm。

3.3.4　土壤液塑限测定仪指示装置

土壤液塑限测定仪指示装置的示值范围不小于 22 mm,最小分度值不超过 0.1 mm,示值误差不超过±0.1 mm,示值重复性不超过 0.1 mm。

30°±0.2°

标准圆锥

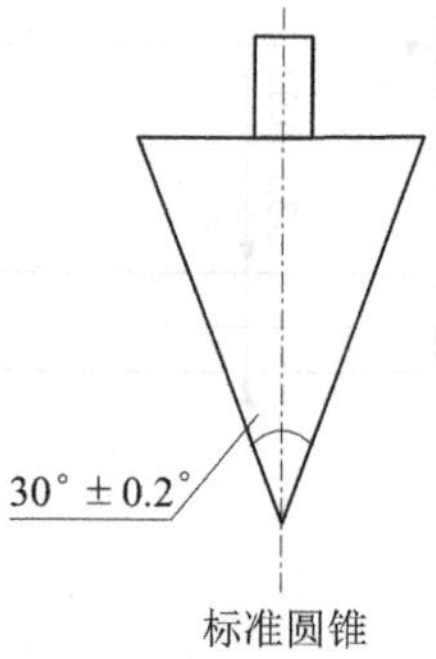

图 18-4　土壤液塑限测定仪压头示意图

3.4　塑限测定仪附件

3.4.1　水泥净浆标准稠度与凝结时间测定仪附件

盛装水泥的试模为截体圆锥体,深度为(40±0.2)mm,上口内径 ϕ(65±0.5)mm,下口内径 ϕ(75±0.5)mm,用代用法测定标准稠度用的圆锥体试模角度(43.6±2)°,工作高度(75±0.5)mm,总高度(82±0.5)mm。

3.4.2　砂浆稠度仪附件

盛装砂浆的试模为圆锥体,其上口直径 ϕ(150±0.5)mm,深度为(180±0.2)mm。

3.4.3　沥青针入度仪附件

盛装沥青的试模为圆柱形平底皿,其几何量要求见表 18-6。恒温水浴的容量不小于 10 L,水温在试验温度下能控制在 0.1 ℃范围内。

表 18-6　平底皿的几何量要求

针入度范围	几何量	
	直径/mm	深度/mm
<200	55±0.5	35±0.5
≥200,<350	55±0.5	70±0.5
≥350,<500	50±0.5	60±0.5

3.4.4　塑限测定仪的时间

塑限测定仪的时间测量误差或定时误差不超过±0.1 s。

3.5　塑限测定仪垂直度

塑限测定仪试杆、试针、试锥的垂直度,在试杆、试针、试锥与底座平面接触情况下,试杆、试针、试锥的垂直度为:新制造的均小于 1.0 mm,使用中的试杆小于 2.0 mm,试针、试锥小于 1.5 mm。

注:由于校准不制定合格与否,上述各项要求仅供参考。

4　校准条件

4.1　环境条件

4.1.1　环境应清洁、无腐蚀性介质、无振动及强磁场干扰。

4.1.2　温度为(20±10)℃,相对湿度不大于80%。

4.2　测量标准器及其他设备

4.2.1　天平:最大称量500 g以上,分度值0.01 g。

4.2.2　水平仪:150 mm×150 mm,分度值0.02 mm/m。

4.2.3　深度游标卡尺:测量范围0~200 mm,分度值0.02 mm。

4.2.4　外径千分尺:测量范围0~25 mm,分度值0.01 mm。

4.2.5　角度规:分度值2′。

4.2.6　一套五等量块:测量范围1~200 mm。

4.2.7　秒表:测量范围0.01~1 800 s,分度值0.01 s。

4.2.8　温度计:测量范围0~50 ℃,分度值0.1 ℃。

4.2.9　绝缘电阻表:量程2 500 MΩ(中值开路电压1 000 V)。

5　校准项目和校准方法

5.1　校准前的检查

5.1.1　塑限测定仪应有铭牌。

5.1.2　塑限测定仪表面和压头不应有影响计量特性的缺陷。

5.1.3　光电式塑限测定仪的光学放大系统成像应清晰,放大倍数应满足观察者进行准确校准的要求。数显式塑限测定仪的数字显示应清晰、稳定。度盘式或标尺式塑限测定仪的标尺或度盘刻度应清晰。

5.1.4　塑限测定仪应有调整水平用的水准器。

5.1.5　塑限测定仪滑动部分应能靠自重自由下落,不得有紧涩和晃动现象。

5.1.6　塑限测定仪的电器系统应安全可靠,其绝缘电阻应不小于20 MΩ。

5.2　滑动部分质量的校准

卸下塑限测定仪的滑动部分,放到天平上进行称量,重复称量3次,取平均值,作为校准结果。

5.3　压头的校准

用深度游标卡尺和测角仪测量塑限测定仪压头的几何量,作为校准结果。当用测角仪测量标准圆锥的锥角时,应在相互垂直的方向上各测量1次,以2次测量值的平均值作为校准结果。

5.4　指示装置的校准

卸下塑限测定仪的附件,调整塑限测定仪使其处于水平状态。在塑限测定仪底座上放一平板,用量块测量指示装置的示值,在指示范围内测量点不得少于5点,并尽量均匀分布,在每个测量点重复测量3次,按式(18-1)、式(18-2)计算指示装置示值误差δ和示值重复性η,作为校准结果。

$$\delta = L - L_0 \tag{18-1}$$

$$\eta = L_{max} - L_{min} \tag{18-2}$$

式中　L——同一个测量点 3 次测量的平均值，mm；

L_0——量块的标准值，mm；

L_{max}——同一测量点 3 次测量的最大值，mm；

L_{min}——同一测量点 3 次测量的最小值，mm。

5.5　附件的校准

5.5.1　附件几何量的校准

卸下塑限测定仪的附件，有卡尺和外径千分尺测量附件高度和直径，测量直径时要在互相垂直的方向上各测量 1 次，以 2 次测量的平均值作为校准结果。

5.5.2　恒温水浴的校准

把温度计插入恒温水浴中 10 min 后方可读数，每隔 1 min 读取 1 次温度计示值，至少 15 min，其最大值与最小值之差的 1/2，作为校准结果。

5.5.3　塑限测定仪时间的校准

当塑限测定仪压头开始下落时启动秒表，当塑限测定仪压头锁定时停止秒表，读取压头下落时间，重复测量 3 次，取平均值，作为校准结果。

5.6　塑限测定仪垂直度的校准

在滑动杆下端装上试杆（试针、试锥），并固定牢。在底座上放一玻璃片，取两张白纸，中间加一张复写纸并放在玻璃片上。将试杆（试针、试锥）放下，使杆头（针头、锥头）与纸接触，然后用手轻轻转动滑动杆一周，此时杆头（针头、锥头）在纸上画一个圆圈。测量圆圈的直径，扣除杆头（针头、锥头）的直径后除以 2，所得计算结果即为塑限测定仪垂直度。按此方法重复测量 2 次，取平均值，作为校准结果。

6　校准结果的表达

6.1　按本规范进行校准并出具校准证书。

6.2　校准证书应至少包括以下信息：

a）标题："校准证书"；

b）校准实验室名称和地址；

c）校准地点；

d）仪器名称；

e）证书的唯一性标识（如证书编号等），每页及总页的标识；

f）送校单位的名称和地址；

g）描述塑限测定仪的铭牌以及铭牌上的型号、规格、制造厂、出厂编号、出厂日期等，注明塑限测定仪是否具有标准针、标准圆锥的出厂校准证书；

h）校准日期；

i）依据本规范的名称及代号；

j）本次校准所用测量标准器的溯源性及有效性说明；

k）校准环境的描述；

l)校准结果的说明；

m)校准证书签发人的签名、职务以及签发日期；

n)校准结果仅对被校对象有效的声明；

o)未经校准实验室书面批准，不得部分复印校准证书的声明。

7　复校时间间隔

复校时间间隔可根据塑限测定仪的使用情况而定，建议最长不超过1年。

第2节　《非金属建材塑限测定仪校准规范》中关于沥青针入度仪的解读

1　两个有效版本

2002年9月发布的《非金属建材塑限测定仪校准规范》(JJF 1090—2002)已经把沥青针入度仪的校准写入其中，但2008年5月发布的《沥青针入度仪校准规范》(JJF 1208—2008)没有说明代替JJF 1090—2002中的沥青针入度仪部分，因此目前存在两个有效版本。而两个规范中有些内容又不一样，使计量技术机构人员在实施规范时无所适从。

2　针体总质量不一致

JJF 1090—2002中沥青针入度仪有3种针体总质量：50 g、100 g、200 g，但在JJF 1208—2008中却只有1种针体总质量，即100 g。

3　标准器及其他辅助设备不尽相同

两个规范在所用标准器及辅助设备的技术要求上不尽相同，主要表现在温度计和量块。JJF 1090—2002中要求用50 ℃标准温度计，分度值为0.1 ℃，而在JJF 1208—2008中要求用50 ℃标准温度计，分度值为0.05 ℃。在实际操作中，分度值为0.05 ℃的温度计无法读准，因此可认为没有必要采用分度值为0.05 ℃的标准温度计；在使用量块方面，JJF 1208—2008中没有对量块的等级和测量范围作出明确要求。

4　校准条件不同

在JJF 1090—2002中，沥青针入度仪校准的环境条件：温度是(20±10)℃，相对湿度不大于80%；但是在JJF 1208—2008中温度是(20±4)℃为相对湿度不超过85%。笔者认为前者要求太宽，后者要求稍严，应以温度为(20±5)℃、相对湿度不大于80%为宜。上述问题的解决有助于计量技术机构检定人员更好地实施规范。

第 3 节　非金属建材塑限测定仪中电脑全自动沥青针入度仪的常规校验与故障排除

1　电脑全自动沥青针入度仪

电脑全自动沥青针入度仪是一种自动化程度较高的机电一体化测试仪器，主要用于道路工程石油沥青针入度指标的测定。其结构主要由电子测控和机械执行两大部分组成，基本工作原理是利用位移传感和温度传感实现仪器的测定功能、采用微电脑程序进行自动控制。由于该产品具有自动控温、控时、针入，试验数据自动处理等特点，同时仪器内部提供了试验常用时间及温度参数，功能先进，使用相当方便。因此，该仪器一直深受广大公路工程试验检测技术人员的好评。

DF-4 型电脑全自动沥青针入度仪主要技术指标如表 18-7 所示。

表 18-7　主要技术指标

温度参数	时间参数	测温范围	时间范围	针入范围
25 ℃	5 s	0~70 ℃	0~99 s	50 mm

众所周知，在试验检测过程中，测试数据的准确与否，对公路工程质量的影响很大。而影响测试数据准确性的因素也是多方面的，如人员、仪器、环境等，在此不作赘述。在诸多因素中，仪器因素的影响也是不容忽视的，譬如：仪器标定是否合格、操作者能否正确使用等。本节主要结合作者多年的试验检测工作经验，介绍了电脑全自动沥青针入度仪的常规校验方法，分析了该仪器使用过程中常见故障问题的成因，提出了排除故障的常见方法。

2　仪器常规校验方法

电脑全自动沥青针入度仪的常规校验项目有外观及常规检查、标准针硬度、表面粗糙度、标准针尺寸、标准针、针连杆及附加砝码质量、针偏离中心值、时控器、温控器、重复性误差等。一般校验周期为一年。现介绍如下。

2.1　外观及常规检查

可先用目测和手感进行检查，再借用显微镜观察仪器外观，其结果应符合仪器外观及常规要求。如产品铭牌清晰、标注规范；仪器表面涂层均匀光滑，不得有划痕、斑点、剥落等明显缺陷。各部件齐全完好；标准针、时控器及温控器等满足规定要求。

2.2　标准针硬度、表面粗糙度校验

一般用光学洛氏硬度计测量标准针的硬度，将标准针与粗糙度样板进行对比，其结果应满足要求：洛氏硬度 54~60 HRC；圆锥表面粗糙度的算术平均值应为 0.2~0.3 μm。

2.3　标准针、连杆及附加砝码质量校验

用天平测定标准针、连杆及附加砝码质量，重复测量 3 次，取平均值，其结果满足下列要求：标准针质量(2.5±0.05) g；针连杆的质量(47.5±0.05) g；标准针和针连杆总质量

(50±0.05)g;附加砝码质量(50±0.05)g;标准针、连杆及附加砝码总质量(100±0.1)g。

2.4　标准针尺寸校验

用投影仪测量金属箍长度、金属箍直径、准针外露长度、标准针直径、截面圆锥角度、针尖长度及针尖直径，重复测量3次，分别取平均值，其结果满足下列要求：标准针直径为1.00~1.02 mm,标准针长度约50 mm;标准针外露长度40~45 mm。金属箍直径(3.2±0.05)mm,金属箍长度(38±1)mm;针的锥体角度8°40′~9°40′;针尖为平面，其直径为0.14~0.16 mm。

2.5　针偏离中心值校验

将仪器放置平稳，调平仪器，把标准针装入针连杆下端并紧固，在底座上放1玻璃片，取两张白纸，中间夹1张复印纸，一并放在玻璃板上。将针连杆放下，使针尖与纸刚好接触，然后用手轻轻转动试杆1周，此时针头在纸上画出1个圆圈。测量圆圈的直径，其直径的一半即为针偏离中心值，重复测量3次，取平均值，其结果满足以下要求：针偏离中心最大允许值为2.0 mm。

2.6　温控器校验

将标准温度计插入到温度传感器同一位置,选择5 ℃、15 ℃、25 ℃、30 ℃4个校验点，分别读取各校准点的标准温度计和温控器的读数，重复测量3次,其任一次读数应符合下列技术要求:刻度范围0~50 ℃，分度值0.1 ℃，测量准确度达到0.1 ℃。

2.7　时控器校验

校验时，接通电源，选择5 s和60 s两个检定点，同时按下电子秒表和时控器开关，读取落针锁住时秒表数值，重复测量3次，取平均值，其结果应符合下列技术要求：分度值小于或等于0.1 s，60 s内的准确度达到±0.1 s。

2.8　其他项目校验

不同类型、规格型号的仪器，其校验项目略有不同,可根据具体仪器而定,如刻度盘示值、重复性误差、绝缘电阻测定等。

3　仪器常见故障的分析与排除

3.1　仪器开机不显示

原因分析：电源插头没插紧;调平螺丝接触线路板;仪器面板仪器程序松动。

排除方法：电源插头插紧;调平螺丝以不接触线路板为宜;检查仪器面板仪器程序。

3.2　仪器不控温

原因分析：仪器后面控制接线没插好;温度传感器未放入水槽中;温控指示灯熄灭;设定温度比实际温度低;加热插头接触不良。

排除方法:插好控制接线;温度传感器注意放入水槽中;设定温度要比实际温度高;加热插头应检修或更换。

3.3　仪器没有位移

原因分析：执行线没插好;位移传感器出现问题。

检查方法：按“F1”键看右边窗口是否有数据显示，推动位移传感器导杆数据是否随之变化。

排除方法：执行线插好；位移传感器校准。

3.4　仪器不针入

接线、插头没接插好；设定指示灯处于打开状态。

排除方法：接插好接线、插头；熄灭设定指示灯。

3.5　针入度值偏大或偏小

原因分析：操作失误；针入位置不合适；试验前标准针针尖未接触沥青试件表面或已针入沥青表面；试件不合格。

排除方法：纠正操作；试验前标准针针尖应调至刚好接触沥青试件表面；注意标准针针入位置合适，满足规范要求；制作合格的沥青针入度仪试件。

4　仪器使用注意事项与日常维护

(1)注意加热器严禁干烧，以免烧坏。

(2)仪器调平螺丝不能旋得太紧，否则调平螺丝会接触线路板，导致仪器不显示。

(3)保证工作电源稳定，供电系统不应有不良干扰。

(4)保持良好的工作环境：室温 5~35 ℃，相对湿度≤90%。

(5)保持仪器的清洁，每次试验完毕应及时清洗擦干仪器。

(6)每次试验完毕应将加热插头及加热插座拔掉。

(7)移动仪器时，必须用手捧住底座搬动，不可提着位移传感器支架移动仪器。

(8)仪器开机 120 min 后还未进行试验，应关闭仪器电源，30 min 后再重新开机。

(9)标准针使用完毕，应洗净擦干并装入试针套内保管，以免碰撞变形。

(10)检查仪器时，在没有试件的情况下，不能让滑杆滑落，以免针尖损坏。

(11)滑杆不用时应擦油防锈，下次使用时必须将滑杆表面的油擦净，以免引起试验误差。

(12)仪器应定期校验和检修，以保持仪器的良好状态。

仪器的正确使用与否，质量是否合格，状态是否良好，将直接影响试验检测数据的准确性。为了科学地使用仪器，工程试验检测专业技术人员必须对试验检测所用的仪器设备进行定期的校验和维护，及时排除故障，保持仪器的良好状态，从而达到减少工程试验检测误差、提高测试精度的最终目的。

第 4 节　非金属建材塑限测定仪中沥青针入度仪试验测量不确定度评定

1　沥青针入度仪的测量原理和构造

道路用沥青材料的物理性能（如黏度、针入度、延度、软化点、闪点、脆点等）对沥青路面的性能有着非常重要的作用。在我国，道路用沥青材料物理性能选用的主要技术指标是其针入度、延度和软化点，通称沥青针入度体系。

在确定道路用沥青材料针入度值时,它的测量单位是按特定的方法来定义的。在规定温度和时间内,附加一定质量的标准针垂直贯入沥青试样的深度,以0.1 mm的深度值定义为1个针入度单位。也就是说,当检测时,所有的条件均应处于标准检测方法规定的要求之内。如果不能满足标准检测方法中规定的检测条件,则针入度仪示值装置所获得的指示值就没有可比性,也就没有实际意义。

2　仪器的主要计量性能要求

2.1　针入度仪

采用上海昌吉仪器有限公司SYD-2801F型自动针入度仪,示值装置为数显式位移传感器。测量范围为0~600针入度值,分度值为1个针入度单位;时间控制装置示值允许误差为±0.1 s。

2.2　标准针的技术要求

标准针的硬度值、表面粗糙度值、针体截头的圆锥度和圆柱体的同轴度、针体截头的圆锥端面和相应锥体轴线的垂直度都对检测结果的溯源性和测量不确定度产生影响。

2.2.1　针的外形尺寸要求

针由针体和针柄组成。针柄由黄铜或不锈钢制成,长度为(38±1)mm,直径为(3.2±0.02)mm;针体长度为(50±1)mm,嵌入针柄的深度为(7±1)mm,直径为(1.00±0.02)mm;针头的锥体角度为8°40′~9°40′,截头为平面,直径为(0.15±0.01)mm。

2.2.2　针的质量要求

针的质量为(2.5±0.05)g,针连杆的质量为(47.5±0.05)g,加上相应的配重砝码总质量为(100±0.05)g。

2.3　恒温控制水槽要求

水槽内控温精度±0.1 ℃;容量不小于10 L。

2.4　平底玻璃皿要求

容量不小于1 L,深度不小于80 mm,内部配置一个不锈钢三角支架以确保盛样皿中的沥青样料表面与针的垂直度。

2.5　盛样皿要求

盛样皿是由金属制成的平底内空的圆柱体。用于检测针入度值小于200时,盛样皿的内径为(55±1)mm,深度为(35±1)mm;用于检测针入度值为200~350时,盛样皿的内径为(70±1)mm,深度为(45±1)mm;对于针入度大于350的试样,盛样皿的深度不小于60 mm,试样体积不小于125 mL。

3　误差分析及建立数学模型

3.1　误差分析

根据专业测量原理,采用沥青材料针入度仪检测沥青材料的针入度值时,可能引入误差的来源大致为以下几个方面:

(1)ΔL_s。针入度仪的位移测量装置的示值允许误差。

(2)ΔL_t。针沉入试样时间差异引入的误差。

(3)ΔL_c。检测过程中由于试样温度变化引入的误差。

(4)ΔL_m。针连杆和配重砝码质量差异引入的误差。

(5)X_1。操作人员对针瞄准时引入的误差。

(6)X_2。针的落点位置引入的误差。

(7)X_3。盛样皿内部直径不同引入的误差。

仔细分析,可以看出上述误差源可分为3种类型:第一类,针入度仪示值装置引入的误差b,也就是说当实际检测值为A时,其显示值却为$A+b$,这是仪器制造不完善引入的。第二类,被测材料不均匀性引入的误差,也就是说检测过程本身没有引入误差,只是由于每次被测材料本身针值不相同,因此检测结果当然不相同,这与检测方法、针入度仪无关。第三类,由控制条件不完善引入的误差。由于控制条件不可能无限完善,因此只能对其规定一个合适的限制区间,以确保引入误差幅度与针入度仪示值装置引入的误差相当。限制区间太大了,不能确保检测数据满足A类测量不确定度评定要求(重复性检测条件或复现性检测条件);限制区间太小了,会增加检测费用,而且技术上也没有必要。

3.2 建立数学模型

通过对误差的分析,找出了所有影响测量不确定度的误差并明确相互关系,按JJF 1059.1—2012第3.23条建立了数学模型:$Y=L(X_1,X_2,\cdots,X_N)+\Delta L_s+\Delta L_t+\Delta L_c+\Delta L_m$。

4 确定评定条件

(1)$L(X_1,X_2,\cdots,XN)$的影响量的大小很难用物理/数学方法分析,相互间关系很复杂,只能用A类评定,让3个因素同时作用,通过试验评价它的综合影响。

(2)ΔL_c用A类和B类综合的方法,具体描述如下:保持其他条件不变,仅改变温度,在15 ℃、20 ℃、25 ℃下,每个温度各做3次试验并取平均值,得到针入度随温度变化的关系式,再用B类方法分析。

(3)其余都用A类评定。

5 测量不确定度评定

以下是实验室采用检定合格的沥青针入度仪,由具有资格的检测人员取同一批材料,在相邻近的时间内、同一环境下进行重复性试验,做3组试验,每组3次检测获得的数据如表18-8、表18-9所示。

表18-8 相同温度(25 ℃)针入度试验结果

试验组数	第一次	第二次	第三次	平均值	标准差
1	62	63	63	62.7	0.577
2	63	62	64	63.0	1.000
3	64	64	65	64.3	0.577

表 18-9　不同温度针入度试验结果

试验组数	试验温度/℃	第一次	第二次	第三次	平均值
1	15	23	24	23	23
2	20	36	38	38	37
3	25	62	63	63	63
回归公式	$Y=0.042\,9x+0.720\,9, R_2=0.999\,2$				

5.1　A 类不确定度评定

A 类分量的不确定度可根据测试结果的统计分布进行估计,由于绝大多数被测值是服从或近似服从正态分布,因此其测试结果服从由正态分布定义的一些统计分布。又由于在实际工作中不可能做无限次测,有限次测对标准偏差的估计值称为实验室标准偏差。实验室标准偏差的计算方法有贝塞尔法、最大误差法、分组等级法等。目前,常用贝塞尔法计算标准偏差:

$$s=\sigma=\sqrt{\frac{1}{n-1}\sum_{i=1}^{n}(X_i-\overline{X})}$$

按下式计算出重复性标准偏差的平均值 s(又称实验室内重复性标准偏差):

$$s=\sigma=\sqrt{\frac{0.577^2+1.000^2+0.577^2}{3}}\approx 0.745$$

A 类测量标准不确定度 $U_a=s=0.745$。

5.2　B 类不确定度评定

根据 JJF 1059—1999 测量不确定度评定规定,本次使用数字显示式测量仪器,其分辨率为 1,则带来的标准 B 类测量不确定度为 $U_{b1}=0.29\times1=0.29$。由计算平均值时小数修约间隔为 0.5,则导致的标准 B 类测量不确定度为 $U_{b2}=0.29\times0.5=0.145$。

5.3　求不确定度分量

(1)计算 $U(L)$。

$$U(L)=s=0.745(\text{mm})$$

(2)计算 $U(\Delta L_s)$。根据仪器校准证书,$\Delta L_s=0.06$ mm,取均匀分布 $k=3$,则 $U(\Delta L_s)=\Delta L_s/k=0.034$ mm。

(3)计算 $U(\Delta L_t)$。时间误差很小,其引起的不确定度也很小,忽略不计,即 $U(\Delta L_t)=0$ mm。

(4)计算 $U(\Delta L_c)$。由 3 组试验回归公式 $L=At+B$,控温精度 0.1 ℃,则 $\Delta L=A\Delta t+B=0.042\,9\times0.1+0.720\,9\approx0.725$,取均匀分布得 $U(\Delta L_c)=0.725/3\approx0.242$(mm)。

(5)计算 $U(\Delta L_m)$。经检定合格的针,对针入度影响很小,可以忽略不计,即 $U(\Delta L_m)=0$ mm。

5.4　合成标准不确定度评定

合成标准不确定度 $U(Y)$ 为

$$U(Y)=\sqrt{U^2(L)+U_{b1}^2+U_{b2}^2U^2\Delta L_s+U^2\Delta L_t+U^2\Delta L_c+U^2\Delta L_m}$$

$$=\sqrt{0.745^2+0.29^2+0.145^2+0.034^2+0^2+0.242^2+0^2}$$

$$\approx 0.848(\mathrm{mm})$$

5.5 扩展不确定度评定

当置信率为 95%时的扩展不确定度为 $U=1.96\times0.915\approx1.79(\mathrm{mm})$。测量结果报告：$Y=R+U=R\pm1.79(\mathrm{mm})$，$R$ 为实测值。相对不确定度为 $1.79/63.3\times100\%\approx2.83\%$。

6 结论

针入度值小于 50 时，重复性试验的允许误差为 2，复现性试验的允许误差为 4；针入度值大于 50 时，重复性试验的允许误差为平均值的 4%，复现性试验的允许误差为平均值的 8%。上述计算结果表明，该针入度仪和各项需要控制的参数均符合规定，说明检测结果的溯源性有效，它的扩展不确定度满足要求。

第 19 章　水泥胶砂流动度测定仪计量技术解析

水泥胶砂流动度是用于测定砌筑水泥的胶砂流动度值，以确定水泥胶砂标准稠度用水量的专用仪器。本章从检定规程、检定过程中的注意事项以及不确定度分析评定方面进行解析。

第 1 节　《水泥胶砂流动度测定仪检定规程》[JJG(建材)126—1999]节选

本规程适用于新制造、使用中以及修理后的水泥胶砂流动度测定仪(简称跳桌仪)的检定。

1　概述

跳桌仪是用于按《水泥胶砂流动度测定方法》(GB/T 2419—1994)测定水泥胶砂流动度的专用仪器，它的制造应符合 GB/T 2419 中附录 A 的要求。跳桌仪分为手动式、电动式两种。

2　技术要求

(1)产品应有铭牌、合格证和说明书。

(2)外观应平整光洁，振动平稳、音响正常。

(3)电动跳桌仪跳动 30 次的时间：(30±1)s。

(4)圆桌面直径应为(258±1)mm。

(5)落距(凸肩平面与机架顶面的距离)应为(10.0±0.1)mm。

(6)跳动部分质量应为(3 450±10)g。

(7)截锥圆模尺寸为：高度(60±0.5)mm；上口内径 ϕ(70±0.5)mm；下口内径 ϕ(100±0.5)mm。

(8)棒工作部分直径为 ϕ(20±0.5)mm。

3　检定用的器具

(1)秒表：分度值为 0.1 s。

(2)天平：为 5 000 g，感量为 5 g。

(3)游标卡尺：量程为 300 mm，分度值为不大于 0.10 mm。

(4)测量落距专用工具：其材质为 45 号钢，洛氏硬度>40，测量表面粗糙度 1.6 、尺寸要求如图 19-1 所示。

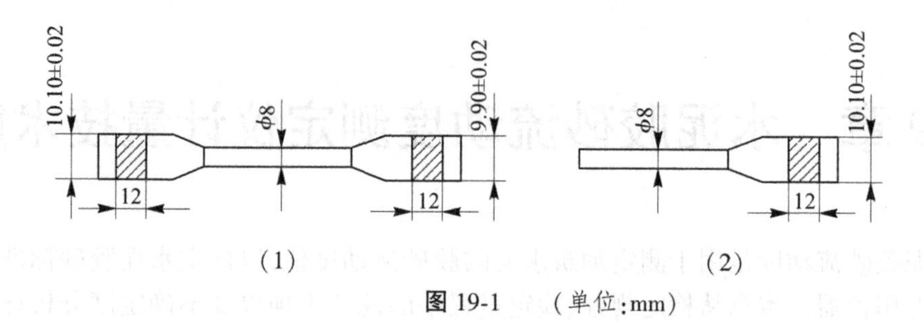

图 19-1　(单位:mm)

4　检定条件

跳桌仪应保持在清洁、无腐蚀气体的室内。

5　检测方法

用感观检查技术要求中的 1~2 条,有时要空车运转检查。

用秒表检测技术要求中的第 3 条电动跳桌仪跳动 30 次的时间,测两次,其结果均需符合要求。

(1)用游标卡尺测量技术要求中的第 4 条圆桌面直径,互相垂直测量,取其算术平均值。

(2)用落距专用工具检查技术要求中的第 5 条。先用图 19-1 的(2)号 10.00 mm 的工具测量落距,将(2)号工具放在凸肩平面与机架顶面之间,将跳桌仪调好,(2)号工具放置不动;再用图 19-1 的(1)号工具 9.90 mm 一头刚能放进去,而 10.10 mm 一头不能放进去,跳桌仪落距合格。

注:若跳桌仪使用的时间较长,其机架顶面比凸肩的直径大,有时机架顶面被凸肩打击,其周围比打击面高,测量前将其锉得比机架顶面打击面低,这样才能准确测量。

(3)用天平检查技术要求中的第 6 条跳动部分质量。

(4)用游标卡尺测量技术要求中的第 7~8 条截锥圆模和捣棒的有效尺寸。

6　检定结果和检定周期

(1)新跳桌仪必须符合第 1~6 条技术要求。

(2)使用中和修理后的跳悬仪必须符合第 2~6 条技术要求。

(3)截锥圆模和捣棒的尺寸必须符合第 7~8 条技术要求。

(4)检定使用周期为一年。

第 2 节　水泥胶砂流动度检测的注意事项

《通用硅酸盐水泥》(GB 175—2007)自 2008 年 6 月实施以来,许多水泥企业为实施该标准做了大量的工作。其中,第 8.6 条规定:火山灰质硅酸盐水泥、粉煤灰硅酸盐水泥、复合硅酸盐水泥和掺火山灰质混合材料的普通硅酸盐水泥在进行胶砂强度试验时，其用水量按0.50水灰比和胶砂流动度不小于180 mm来确定。已作废的GB 1344—1999水泥产品标准中，除火山灰水泥要求按0.50水灰比、胶砂流动度不小于180 mm来确定用水量外，其他品种水泥均不需要做水泥胶砂流动度来确定水泥的加水量。许多水泥企业由于没有生产火山灰水泥，取消了测胶砂流动度的主要仪器“跳桌”，再加上老检验人员的退休、调走，新来的检验人员又不开展此项工作，造成(GB 175—2007)实施以来许多人员对设备及这项检验操作的生疏和不规范。尽管水泥胶砂流动度的操作并不复杂，但要想报出的数据准确，检验人员一定要掌握操作要领。

1　水泥胶砂流动度的检测方法

水泥胶砂流动度的检测方法按GB/T 2419—2005执行，相关要求如下：

(1)如跳桌仪在24 h内未被使用，先空跳一个周期25次。

(2)胶砂制备按GB/T 17671有关规定进行。在制备胶砂的同时，用潮湿棉布擦拭跳桌台面、试模内壁、捣棒以及与胶砂接触的用具，将试模放在跳桌仪台面中央并用潮湿棉布覆盖。

(3)将拌好的胶砂分两层迅速装入试模，第一层装至截锥圆模高度约2/3处，用小刀在相互垂直两个方向各划5次，用捣棒由边缘至中心捣压15次；随后，装第二层胶砂，装至高出截锥圆模约20 mm，用小刀在相互垂直的两个方向各划5次，再用捣棒由边缘至中心均匀捣压10次。捣压后胶砂应略高于试模。捣压深度，第一层捣至胶砂高度的1/2，第二层捣实不超过已捣实底层表面。装胶砂和捣压时，用手扶稳试模，不要使其移动。

(4)捣压完毕，取下模套，将小刀倾斜，从中间向边缘分两次以近水平的角度抹去高出截锥圆模的胶砂，并擦去落在桌面上的胶砂。将截锥圆模垂直向上轻轻提起。立刻开动跳桌，以每秒钟一次的频率，在(25±1)s内完成25次跳动。

(5)流动度试验，从胶砂加水开始到测量扩散直径结束，应在6 min内完成。

2　水泥胶砂流动度检测中的注意问题

(1)注意主要设备跳桌仪安装必须符合要求，落距滑动部位阻力要小，否则造成试验数据偏小。仪器设备一定要按要求安装好，在排除了仪器设备造成的误差因素后，再考虑人为操作误差。

(2)胶砂装模前，须将跳桌台面及试验设备湿润。拌好的水泥砂浆需迅速进行操作，如果拌后放置数分钟或操作过程中拖延时间都会使流动度减小。因此，从胶砂加水开始到测量数据结束，应在6 min内完成。

(3)第一层捣压时捣棒需沿试模壁方向略微倾斜，有些检验人员是垂直拿捣棒捣压物料，而试模是截锥型，底口大，造成物料捣压面积不够，数据不准。

(4)二层物料捣压用力要均匀，大小要适当。如果捣压用力不均匀，试验后的胶砂试体容易形状不规则，互相垂直方向直径值相差很大。如果用力大，捣压的紧，则流动度值偏小；用力小，捣压的轻，则数值偏大。

(5)测量胶砂扩散后底部直径时，需从有胶砂粒子的边缘量起，不能从净浆边缘测量。

(6)当跳桌仪跳动完毕后,用卡尺及时测量胶砂范围。如果碰到流动性较大的胶砂体,停止试验后,浆体有可能仍在继续扩散,所以要及时测出数据,以保证水泥胶砂流动度数据的可靠准确。

以上几点,都是在实际中碰到过的问题。由于 GB 175—2007 标准中第 8.6 条的规定,水泥企业必须配备胶砂流动度测定仪,尤其是生产掺火山灰质混合材料的普通硅酸盐水泥,在进行强度试验时,先测流动度指标,确定加水量。这项工作已成为许多水泥企业日常检验工作之一,因此认真做好流动度检测,使水泥强度的数据真实可靠是很有必要的。

第 3 节　水泥胶砂流动度测定仪测量结果的不确定度评定

水泥胶砂流动度测定仪是水泥胶砂流动度试验指定的设备,广泛应用于建材检测、市政检测行业。本节介绍了水泥胶砂流动度测定仪测量结果的不确定度评定方法,分析了可能影响测量结果的各项不确定度分量,并给出了计算方法和公式,经过在实际工作中的应用,其满足工作要求。

1　测量依据

《水泥胶砂流动度测定仪检定规程》[JJG(建材)126—1999]。

2　测量环境

校准时水泥胶砂流动度测定仪要保持清洁,应在无腐蚀性气体的室内。

3　计量标准设备

主要计量标准设备为电子秒表、塞尺、电子数显卡尺、游标卡尺等(见表 19-1)。

表 19-1　计量标准器和配套设备

设备名称	技术性能	
	测量范围	最大允许误差 MPE/准确度等级
电子秒表	0~3 600 s	±0.05 s(1 h)
塞尺	0.02~1.00 mm	±(0.005~0.016)mm
电子数显卡尺	0~150 mm	±0.02 m
游标卡尺	0~300 mm	±(0.02~0.04)mm

4　被测对象

水泥胶砂流动度测定仪。

5　测量方法

使用秒表、游标卡尺等计量器具对水泥胶砂流动度测定仪落距和尺寸等进行直接测量。

6　水泥胶砂流动度测定仪跳动25次时间的不确定度评定

6.1　建立数学模型

$$\Delta t = t_1 - t_2$$

式中　Δt——跳动25次时间测量结果的示值误差,s;

t_1——跳动25次时间测量结果的测量值,s;

t_2——跳动25次的时间,s。

6.2　求灵敏系数

由 $\Delta t = t_1 - t_2$ 求得

$$c_1 = \frac{\partial \Delta t}{\partial t_1} = 1$$

$$c_2 = \frac{\partial \Delta t}{\partial t_2} = -1$$

6.3　标准不确定度评定

6.3.1　秒表引入的标准不确定度分量 u_1

根据说明书,电子秒表时间间隔测量误差MPE分别为:±0.03 s(10 s)、±0.05 s(1 h)、±0.07 s(2 h)。跳动25次时间25 s,秒表MPE:±0.05 s(1 h),按均匀分布估计,则

$$u_1 = 0.05/\sqrt{3} \approx 0.029(\text{s})$$

6.3.2　重复性引入的标准不确定度分量 u_2

使用秒表,在相同的条件下连续对跳动25次时间做10次测量,为正态分布,得到的数据见表19-2。

表19-2　连续跳动25次的正态分布数据

序号	x_i/s	序号	x_i/s
1	24.84	6	24.83
2	24.77	7	24.74
3	24.82	8	24.85
4	24.81	9	24.83
5	24.78	10	24.81

测量平均值:

$$\bar{x} = \frac{1}{n}\sum_{i=1}^{n} x_i = 24.808(\text{s})$$

单次试验标准偏差为

$$s(x_i)=\sqrt{\frac{\sum_{i=1}^{n}(x_i-\bar{x})^2}{n-1}}\approx 0.03(\mathrm{s})$$

则

$$u_2=s(x_i)=0.03(\mathrm{s})$$

6.4　标准不确定度分量表

表 19-3　测定仪跳动 25 次的标准不确定度分量表

标准不确定度分量	不确定度来源	标准不确定度的值/s	灵敏系数 c_i	分布特征
u_1	秒表引入	0.029	1	均匀分布
u_2	重复性引入	0.03	-1	正态分布

合成标准不确定度 u_c 的评定为

$$u_c=\sqrt{u_1^2+u_2^2}\approx 0.04(\mathrm{s})$$

6.5　扩展不确定度的评定

取 $k=2$，扩展不确定度为

$$U=k\times u_c=2\times 0.04\approx 0.08(\mathrm{s})$$

7　水泥胶砂流动度测定仪的落距不确定度评定

7.1　建立数学模型

$$e=h-H$$

式中　e——落距的示值误差，mm；

h——水泥胶砂流动度测定仪的落距值，mm；

H——落距专用工具，mm。

7.2　求灵敏系数

由 $e=h-H$ 求得

$$c_1=\frac{\partial e}{\partial h}=1$$

$$c_2=\frac{\partial e}{\partial H}=-1$$

7.3　标准不确定度评定

7.3.1　标准器引入的标准不确定度分量 u_1

使用卡尺测量过的落距专用工具和塞尺来确定具体间距，塞尺引起的不确定度分量很小可忽略，由于落距专用工具进行实物测量前先用卡尺测量过，其最大误差不超过 ±0.02 mm，取半宽为 0.02 mm，按均匀分布，则

$$u_1=0.02/\sqrt{3}\approx 0.012(\mathrm{mm})$$

7.3.2　重复性引入的标准不确定度分量 u_2

在相同的条件下连续对水泥胶砂流动度测定仪的落距做10组测量，为正态分布，得到的测量数据见表19-4。

表19-4　测量数据

序号	x_i/mm	序号	x_i/mm
1	10.02	6	10.02
2	10.02	7	10.02
3	10.03	8	10.02
4	10.03	9	10.02
5	10.02	10	10.02

测量平均值为

$$\bar{x}=\frac{1}{n}\sum_{i=1}^{n}x_i=10.022(\mathrm{mm})$$

单次试验标准偏差为

$$s(x_i)=\sqrt{\frac{\sum_{i=1}^{n}(x_i-\bar{x})^2}{n-1}}\approx 0.004(\mathrm{mm})$$

则

$$u_2=s(x_i)=0.004(\mathrm{mm})$$

7.4　标准不确定度分量

测定仪落距的标准不确定度分量见表19-5。

表19-5　测定仪落距的标准不确定度分量

标准不确定度分量	不确定度来源	标准不确定度的值/mm	灵敏系数 c_i	分布特征
u_1	标准器引入	0.012	-1	均匀分布
u_2	重复性引入	0.005	1	正态分布

合成标准不确定度 u_c 的评定为

$$u_c=\sqrt{u_1^2+u_2^2}=0.013(\mathrm{mm})$$

7.5　扩展不确定度的评定

取 $k=2$，扩展不确定度为

$$U=k\times u_c=2\times 0.013\approx 0.03(\mathrm{mm})$$

8　水泥胶砂流动度测定仪的尺寸不确定度评定

使用游标卡尺测量水泥胶砂流动度测定仪的尺寸。

8.1　建立数学模型

$$e=h$$

式中　e——水泥胶砂流动度测定仪的尺寸，mm；

h——水泥胶砂流动度测定仪的尺寸实测值，mm。

8.2　求灵敏系数

由 $e=h$ 求得

$$c_1=\frac{\partial e}{\partial h}=1$$

8.3　标准不确定度的评定

8.3.1　标准器引入的标准不确定度分量 u_1

使用游标卡尺测量水泥胶砂流动度测定仪测量截锥圆模和捣棒直径的尺寸，游标卡尺最大误差为±0.04 mm，取半宽为 0.04 mm，按均匀分布，则

$$u_1=0.04/\sqrt{3}\approx 0.023(\text{mm})$$

8.3.2　重复性引入的标准不确定度分量 u_2

以截锥圆模下口径为例，在相同的条件下连续做 10 组测量，为正态分布，得到的数据见表 19-6。

表 19-6　连续测量圆模下口径的正态分布数据

序号	x_i/mm	序号	x_i/mm
1	100.22	6	100.23
2	100.23	7	100.22
3	100.22	8	100.23
4	100.22	9	100.22
5	100.22	10	100.22

测量平均值为

$$\bar{x}=\frac{1}{n}\sum_{i=1}^{n}x_i=100.223(\text{mm})$$

单次试验标准偏差为

$$s(x_i)=\sqrt{\frac{\sum_{i=1}^{n}(x_i-\bar{x})^2}{n-1}}\approx 0.005(\text{mm})$$

则

$$u_2=s(x_i)=0.005(\text{mm})$$

8.4　标准不确定度分量

测定仪尺寸的标准不确定度分量见表 19-7。

表 19-7　测定仪尺寸的标准不确定度分量

标准不确定度分量	不确定度来源	标准不确定度的值/mm	分布特征
u_1	标准器引入	0.023	均匀分布
u_2	重复性引入	0.005	正态分布

合成标准不确定度 u_c 的评定为

$$u_c=\sqrt{u_1^2+u_2^2}\approx 0.024(\mathrm{mm})$$

8.5　扩展不确定度的评定

取 $k=2$,扩展不确定度为

$$U=k\times u_c=2\times 0.024\approx 0.05(\mathrm{mm})$$

8.6　水泥胶砂流动度测定仪几何尺寸不确定度评估

根据《水泥胶砂流动度测定仪检定规程》[JJG(建材)126—1999],还需校准校准点为 300 mm、100 mm、60 mm、70 mm、20 mm 时的几何尺寸,其测量不确定度见表 19-8(结果均保留 2 位小数)。

表 19-8　水泥胶砂流动度测定仪几何尺寸的不确定度

校准点/mm	不确定度分量/mm		u_c/mm	U/mm($k=2$)
	u_1	u_2		
300	0.023	0.005	0.024	0.05
100	0.023	0.005	0.024	0.05
70	0.012	0.005	0.013	0.03
60	0.012	0.005	0.013	0.03
20	0.012	0.005	0.013	0.03

9　结论

经评定,水泥胶砂流动度测定仪跳动 25 次的时间不确定度评定 $U=0.4$ s($k=2$),满足《水泥胶砂流动度测定仪检定规程》[JJG(建材)126—1999]对(25±1)s 的要求;水泥胶砂流动度测定仪的落距不确定度评定 $U=0.03$ mm($k=2$),满足《水泥胶砂流动度测定仪检定规程》[JJG(建材)126—1999]对(10.0±1)mm 的要求;水泥胶砂流动度测定仪的尺寸不确定度为 $U=0.05$ mm($k=2$),满足《水泥胶砂流动度测定仪检定规程》[JJG(建材)126—1999]对±0.5 mm 的要求。

第 20 章　固结仪计量技术解析

第 1 节 《固结仪校准规范》(JJF 1311—2011)节选

1　范围

本校准规范适用于轴向力不大于 12 kN 的杠杆式固结仪和气压式固结仪的校准。

2　引用文献

《土工试验仪器　固结仪　第 1 部分:单杠杆固结仪》(GB/T 4935.1—2008)

《土工试验仪器　固结仪　第 2 部分:气压式固结仪》(GB/T 4935.2—2009)

凡是注日期的引用文件,仅注日期的版本适用于本规范;凡是不注日期的引用文件,其最新版本(包括所有的修改单)适用于本规范。

3　概述

固结仪是土壤压缩性试验仪器。固结仪按结构可分为杠杆式固结仪和气压式固结仪(见图 20-1、图 20-2)。杠杆式固结仪原理是用砝码通过杠杆对土壤试样施加轴向压力;气压式固结仪原理是通过气压控制器对土壤试样施加轴向压力,来测定土壤试样的轴向变形与压力的关系和变形与时间的关系,以供计算土壤的单位沉降量、压缩系数、回弹系数、压缩模量及固结系数等。

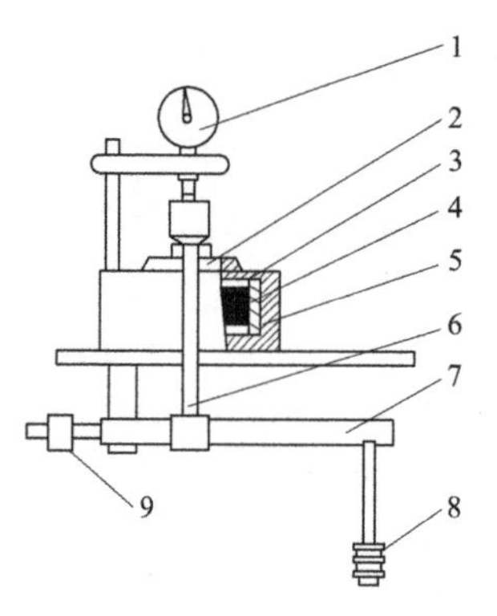

1—百分表;2—传压板;3—透水板;4—土壤试样;5—环刀;6—加压框架;7—杠杆;8—砝码;9—平衡锤。

图 20-1　杠杆式固结仪

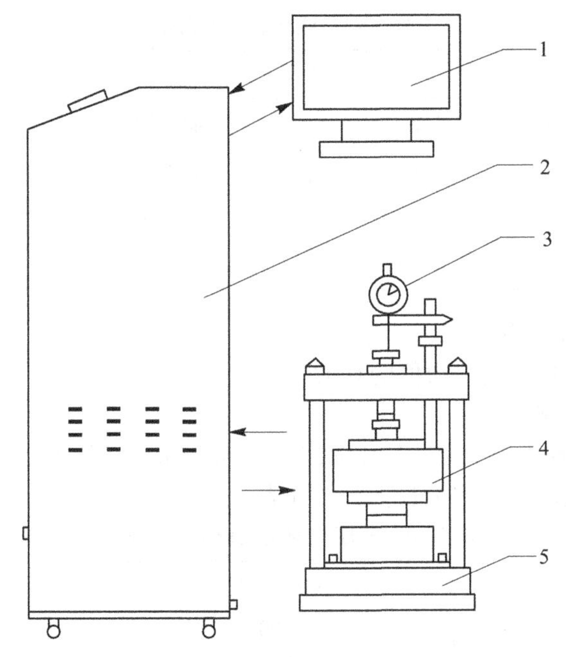

1—计算机;2—气压控制器;3—位移传感器;4—容器;5—加荷装置。

图20-2　气压式固结仪

4　计量特性

4.1　环刀

环刀内径、外径、高度允差见表20-1。

表20-1　环刀内径、外径、高度允差

项目名称	规格/mm	最大允许误差/mm
环刀内径	61.80	±0.05
	79.80	±0.06
环刀外径	65.00	0.00 −0.07
	83.00	0.00 −0.08
环刀高度	20.00	+0.05 0.00

4.2　透水板

透水板直径允差见表20-2。

表 20-2 透水板直径允差

环刀规格/cm^2	规格/mm		最大允许误差/mm
30	上透水板	ϕ61.30	0.00 -0.50
	下透水板	ϕ61.80	
50	上透水板	ϕ79.30	
	下透水板	ϕ83.00	

4.3 杠杆式固结仪鉴别力阈

在平衡后不超过最大输出力值的0.02%。

4.4 输出力值相对误差

4.4.1 杠杆式固结仪输出力值为最大值的2.5%及其以上时,输出力值相对误差不超过±1.0%。

4.4.2 气压式固结仪输出力值的最大允差如表20-3所示。

表 20-3 气压式固结仪输出力值误差

试样面积/cm^2	试验力/N	最大允许误差
30	≤300	绝对误差:±3 N
50	≤500	绝对误差:±5 N
30	>300	相对误差:±1%
50	>500	相对误差:±1%

4.5 测量装置

4.5.1 百分表的量程0~10 mm,分度值0.01 mm,示值最大允许误差0.02 mm。

4.5.2 位移测量装置示值最大允许误差为±0.3%FS。

5 校准条件

5.1 环境条件

5.1.1 温度:(20±10)℃。

5.1.2 相对湿度:不大于80%RH。

5.2 校准用标准器具和校准项目

校准用标准器具和校准项目见表20-4。

表 20-4 校准用标准器具和校准项目

序号	标准器具	技术特性	校准项目
1	标准测力仪①	0.3级	鉴别力阈、输出力值
2	百分表检定仪	0~25 mm,示值误差0.004 mm	百分表、位移测量装置
3	孔径千分尺	60~80 mm,示值误差±0.01 mm	环刀内径、外径、高度,透水板直径
4	千分尺	≥100 mm,示值误差±0.01 mm	
5	游标卡尺	≥150 mm,示值误差±0.02 mm	

注:①指标准测力仪重量不能超过容器重量。

6　校准方法

6.1　环刀内径、外径、高度

6.1.1　环刀内径

用孔径千分尺在环刀的内壁上测量一次,结果应符合表20-1的要求。

6.1.2　环刀外径

用千分尺在环刀的外壁上相互垂直的两个方向测量并取平均值,结果应符合表20-1的要求。

6.1.3　环刀高度

用游标卡尺测量环刀高度,均匀分布选三个位置测量并取平均值,结果应符合表20-1的要求。

6.2　透水板直径

用游标卡尺在透水板的外径上相互垂直的两个方向测量,取平均值。

6.3　杠杆式固结仪鉴别力阈校准方法

调平杠杆到水平位置,把标准测力仪放入加压框架下,对正接触后调至零位,按杠杆最大输出力值的0.02%除以杠杆比后的砝码值为负荷,施加在砝码盘上,标准测力仪指示值应有力值反应,可认为鉴别力阈符合要求。

6.4　输出力值相对误差

6.4.1　杠杆式固结仪输出力值

取杠杆式固结仪最大输出力值约2.5%、50%、100%三个校准点,施加相应的砝码,每个校准点进行3次,3次读数的算术平均值作为该点的输出力值。

校准方法:把标准测力仪放入加压框架下,对正接触后,施加1 kPa预压力,将标准测力仪上的指示值调至零位,按照校准点的负荷力值,依次施加相应的砝码并调平衡,待指示值稳定后读数。重复此过程,每个校准点进行3次,3次读数的算术平均值作为该点的输出力值。(**注:**在土样面积30 cm^{2}时,1 kPa预压力对应于3 N;50 cm^{2}时,1 kPa预压力对应于5 N。)

6.4.2　气压式固结仪输出力值

气压式固结仪从最大输出力值约2.5%至最大输出力值,取校准点不少于5点,尽可能均匀分布,施加相应的压力负荷,每个校准点进行3次,3次读数的算术平均值作为该点的输出力值。

校准方法:把标准测力仪放入加压框架下,对正接触后,进行平衡自重,将标准测力仪上的指示值调至零位,按照校准点的压力负荷,依次施加相应的压力,待指示值稳定后读数。重复此过程,每个校准点进行3次,3次读数的算术平均值作为该点的输出力值。

(**注:**平衡自重——试验前,用于抵消仪器活塞、容器及土样等重量的过程。)

6.4.3　根据上述校准所得数值按式(20-1)计算固结仪输出力值相对误差δ。

$$\delta=\frac{F-\overline{F}_i}{\overline{F}_i}\times 100\% \tag{20-1}$$

式中　F——固结仪输出力值;

$\overline{F}_i$——在第i校准点上,标准测力仪3次测量的算术平均值。

6.5　**测量装置的校准**

6.5.1　百分表按照《指示表(指针式、数显式)》(JJG 34—2008)校准。

6.5.2　位移测量装置参照《指示表(指针式、数显式)》(JJG 34—2008)校准。

7　复校时间间隔

由于复校时间间隔的长短是由仪器的使用情况、使用者、仪器本身质量等因素决定的,因此,送校单位可根据实际使用情况自主决定复校时间间隔。建议不超过1年。

第2节　对《固结仪校准规范》(JJF 1311—2011)的几点探讨

《固结仪校准规范》(JJF 1311—2011)已于2011年12月14日起正式实施。该规范实施一段时间后,本节将发现的问题进行整理,与广大计量专家交流。

1　杠杆式固结仪输出力值校准点的选取

杠杆式固结仪的工作原理是用砝码通过杠杆对土壤试样施加轴向压力,来测定土壤试样的轴向变形与压力的关系和变形与时间的关系,每级压力施加得准确与否直接影响着土壤试样的测定结果。JJF 1311—2011中6.4.1规定:"取杠杆式固结仪最大输出力值约2.5%、50%、100%三个校准点,施加相应的砝码,每个校准点进行3次,3次读数的算术平均值作为该点的输出力值"。

固结仪的砝码重力通过杠杆放大后,施加每级压力的示值大小取决于砝码累加的重力。由表20-5可知,输出力值在砝码累加的过程中每级可能存在较大误差,但累加的输出力值符合要求,所以校准点的选取如果按照JJF 1311—2011的规定只选取3个点,就无法保证剩余未校准各级压力的准确性,从而导致计量人员的误判。只有对每级的输出轴向力值全部进行校准,才能确认固结仪的输出力值计量特性符合JJF 1311—2011中4.4.1的规定。

表20-5　相关数据

序号	标称值/N	校准结果/N	示值误差
1	37.5	37.2	+0.3 N
2	75	72.5	+2.5 N
3	150	154	-4.0 N
4	300	300.2	-0.2 N
5	600	604	-0.7%
6	900	907.5	-0.8%
7	1 200	1 215	-1.2%
8	1 600	1 615	-0.9%
9	4 800	4 840	-0.8%

如果采用 JJF 1311—2011 中 6.4.1 规定的校准方法,即选择 3 点校准,则有必要对固结仪每个砝码的质量进行检定确认。在 3 个点校准合格和每个砝码的质量允差合格的两种条件下才能得到并确认固结仪的压力计量特性,《土工试验仪器 固结仪 第 1 部分:单杠杆固结仪》(GB/T 4935.1—2008)中 5.5 对砝码的要求为"砝码质量的相对误差应不超过±0.2%",目的是保证每级压力的准确性。

2　气压式固结仪零点平衡力的校准

气压式固结仪的零点平衡是指固结仪在程序自动控制下以一定压力托起容器及试样,但试样并未受压变形的步骤,零点平衡力关系到其检测的试样最终受到的压力是否真实。在 JJF 1311—2011 和 GB/T 4935.2—2009 中,对于气压式固结仪的零点平衡力都没有给出校准的方法和相应的技术指标,但作者认为零点的校准是否定量规定确实值得商榷。气压式固结仪一般由多个气缸组成,且各个气缸之间是相互连通的,所以气缸受到的压力也是一致的。但由于各个气缸之间存在个体差异(包括气缸活塞的几何尺寸、气缸的摩擦力等),且通过一个压力传感器采集数据,造成各个气缸的零点平衡力输出示值大小不一致,从而导致几种状态影响到试样测量结果的准确性(见表 20-6)。

表 20-6　平衡力对测量结果的影响

平衡力 F_1、容器及试样重力 F_2	影响结果
$F_1>F_2$	土壤试样在零点状态下已受压变形
$F_1<F_2$	容器及试样在零点状态下未被托起
$F_1=F_2$	符合要求

零点平衡力的校准采用手动控制方法,测量出每台固结仪的零点平衡力的大小,再综合分析所有数据,对零点平衡力作出评价。

3　气压式固结仪输出力值的控制误差

《土工试验仪器 固结仪 第 2 部分:气压式固结仪》(GB/T 4935.2—2009)中 5.7.3 对固结仪气压控制器的要求为"应能接受外部控制指令进行相应的动作并能根据需要向外传送当前压力及仪器工作状态等参数"。由于固结仪的控制方式为全自动,并自动记录数据,这就对固结仪输出力值的控制误差提出了一定的要求。

气压式固结仪试验的原理是在规定的时间逐级施加固定的轴向压力,并测量每级压力下试样产生的压缩变形量,以供计算土壤的各个参数。在全自动控制模式下,固结仪的轴向压力或大或小,很难正好达到程序指定的压力位置,此时需根据压力的反馈通过计算逐渐调节到所要求的压力,试样受到的压力大于预定压力时,由于试样为非弹性体,变形不具有可逆性,在压力逐渐调节到预定压力时,变形量并未产生反方向的变化,此时计算机程序自动记录的压力和变形的关系就不是真正的预定压力和变形之间的关系。在这个过程中,气压控制器未能正确根据需要向外传送当前的压力,所以有必要对固结仪输出力值的控制误差进行校准,以便准确地得到检测试样的压力和变形之间的关系。

输出力值的控制误差校准方法:把标准测力仪放入加压框架下,对正接触后,进行平衡自重,按照程序预定校准点的压力负荷,自动依次加相应的压力,读取测力仪每级校准点的输出力值的峰值。重复此过程,每个校准点进行3次,3次读数偏离预设值最大的示值作为该点的程序控制输出力值。

固结仪输出力值控制误差的计算公式为

$$\delta=\frac{F_i-F}{F}\times 100\%$$

式中 F_i——在第 i 校准点上,标准测力仪3次读数偏离预设值最大的示值;

F——固结仪的预定输出力值。

4 小结

在对固结仪校准时,只有综合分析实际情况下测量数据的影响量,才能得到固结仪的真实测量数据。

第3节 全自动气压固结仪输出力值测量结果的不确定度分析与评定

全自动气压固结仪因智能化检测被广泛使用,所以对固结仪的测量结果不确定度进行了重点试验研究和分析,本节供校准人员在实际工作中理解和掌握评定的方法。

1 测量过程简述

1.1 测量依据

《固结仪校准规范》(JJF 1311—2011)。

1.2 测量环境条件

温度:(20±10)℃,相对湿度不大于80%RH。

1.3 测量标准

0.3级标准测力仪,测量范围为0~10 kN,最大允许误差为±0.3%。

1.4 被测对象

GZQ-1型全自动气压固结仪。

1.5 测量方法

在规定环境条件下,用固结仪对标准测力仪施加负荷至控制测量点,可得到与控制压力对应的标准测力仪示值,根据该测量点对应的固结仪标准输出力值和标准测力仪示值读数,通过计算得到被测固结仪的输出力值示值误差的测量结果。

2 不确定度来源分析

经分析,主要有测量重复性误差 $u_{1.1}$、气压控制器误差引起的标准不确定度 $u_{1.2}$ 与标准测力仪误差引起的标准不确定度 u_2。

3　数学模型

固结仪示值误差的计算公式：

$$\Delta F = F - F_n$$

式中　ΔF——固结仪的输出力值示值误差，kN；

F——固结仪的标准输出力值，N；

F_n——第 n 点，标准测力仪的示值，kN。

4　不确定度评定

4.1　输入量 F 的标准不确定度分量 u_1 的评定

u_1 主要包括固结仪输出力值测量重复性引起的不确定度分量 $u_{1.1}$、固结仪气压控制器误差引起的不确定度分量 $u_{1.2}$。

（1）$u_{1.1}$的评定。

固结仪输出力值测量重复性引入的不确定度采用 A 类方法进行评定。对固结仪测量点（输出力值为 150 N，压力为 50 kPa）进行 10 次测量，以试件面积为 30 cm^2 为例得到的测量结果如表 20-7 所示。

表 20-7　测量结果

次数	1	2	3	4	5	6	7	8	9	10
示值/N	149.8	149.9	149.7	150.1	150.2	149.8	149.7	150.4	149.9	150.2

平均值：

$$\bar{x}_{1.1} = \frac{1}{n}\sum_{i=1}^{n} x_i = 149.97(\text{N})$$

用贝塞尔公式计算试验标准偏差：

$$s_n = \sqrt{\frac{\sum_{i=1}^{n}(x_i - \bar{x})^2}{n-1}} \approx 0.24\ (\text{N})$$

则

$$u_{1.1} = \frac{s_n}{\sqrt{n}} = \frac{0.24}{\sqrt{10}} \approx 0.076(\text{N})$$

（2）$u_{1.2}$ 的评定。

固结仪气压控制器误差引起的不确定度采用 B 类方法评定。在固结仪测量点（输出力值为 150 N，压力为 50 kPa，试件面积为 30 cm^2）上，气压控制器最大允许误差为 ±0.5%，按均匀分布，则

$$u_{1.2} = \left(\frac{1}{2}\times 0.5\%\times 150\right)/\sqrt{3} \approx 0.22(\text{N})$$

(3)输入量 F 的标准不确定度分量 u_1 的计算。

$$u_1=\sqrt{u_{1.1}+u_{1.2}}=\sqrt{0.076^2+0.22^2}\approx 0.23(\text{N})$$

4.2　输入量 F_n 的标准不确定度 u_2 的评定

u_2 主要由标准测力仪示值误差引起,可根据计量检定证书给出的相对最大允许误差,采用 B 类方法进行评定。标准测力仪误差为±0.3%,该测量点为 150 N,按均匀分布,取 $k=\sqrt{3}$,则

$$u_2=(0.3\%\times 150)/\sqrt{3}\approx 0.26(\text{N})$$

4.3　标准不确定度汇总

合成标准不确定度汇总见表 20-8。

表 20-8　标准不确定度汇总

分量标准不确定度	不确定度来源	标准不确定度/N	c_i	$\|c_i\|\cdot u_i$/N
u_1	测量重复性误差及气压控制器误差	0.23	1	0.23
u_2	标准测力仪示值误差	0.26	−1	0.26

4.4　合成标准不确定度的计算

由于输入量 u_1 与 u_2 彼此独立不相关,因此合成标准不确定度可通过下式得到:

$$u_c=\sqrt{u_1^2+u_2^2}=\sqrt{0.23^2+0.26^2}\approx 0.35(\text{N})$$

4.5　扩展不确定度的评定

取 $k=2$,则扩展不确定度为

$$U=ku_c=2\times 0.35\approx 0.7(\text{N})$$

5　测量不确定度的验证

一般要求 $U\leqslant\frac{1}{3}$MPE,被检固结仪 MPE=3 N(根据 JJF 1311—2011,在试件面积为 30 cm^2,输出力值≤300 N 的条件下),U/MPE=0.23,此值小于$\frac{1}{3}$,分析结果为可行。

第 21 章　建筑外门窗气密、水密和抗风压性能试验机计量技术解析

第 1 节　《建筑外门窗气密、水密和抗风压性能试验机》[JJG(豫)174—2014]节选

1　范围

本规程适用于新制造、使用中和修理后的各种建筑外门窗气密、水密和抗风压性能试验机(以下简称为试验机)的首次检定、后续检定和使用中的检查。

2　引用文件

《试验机 通用技术要求》(GB/T 2611—2007)。

《建筑外门窗气密、水密、抗风压性能分级及检测方法》(GB/T 7106—2008)。

使用本规程时,应注意使用上述引用文献的现行有效版本。

3　术语

3.1　外门窗

建筑外门及外窗的统称。

3.2　气密性能

外门窗在正常关闭状态时,阻止空气渗透的能力。

3.3　水密性能

外门窗在正常关闭状态时,在风雨同时作用下,阻止雨水渗透的能力。

3.4　抗风压性能

外门窗在正常关闭状态时在风压作用下不发生损坏(如开裂、面板破损、局部屈服、黏结失效等)和五金件松动、开启困难等功能障碍的能力。

3.5　标准状态

温度为 20 ℃(293 K)、压力为 101.3 kPa 的试验条件。

4　概述

试验机由压力箱、试件安装系统、供压系统、淋水系统及测量系统(包括空气流量、压力差及位移测量装置)组成,按照特定的程序、过程用来检测和判断建筑外门窗的气密性能、水密性能、抗风压性能是否符合设计要求或等级要求。

5　计量性能要求

5.1　试验机计量特性

试验机计量特性见表 21-1。

表 21-1　试验机计量特性

序号	项目	要求
1	压力回零差	±1%
2	压力示值误差	±2%
3	压力示值重复性	2%
4	空气流量回零差	±2.5%
5	空气流量示值误差	±5%
6	空气流量示值重复性	5%
7 *	总淋水量示值	≥0.74 L/min
8 *	分区淋水量示值	(0.26±0.11)L/min
9	位移回零差	±0.1%FS
10	位移示值误差	±0.25%FS
11	位移示值重复性	0.25%FS

注:带 * 号项为试验机喷淋系统设定总流量为 2 L/(m^2 · min)时,使用集水箱测量的淋水量示值。

5.2　噪声

试验机工作时噪声声级应不超过 80 dB(A)。

6　通用技术要求

6.1　外观

6.1.1　试验机应有铭牌,铭牌上应标明:试验机的名称、制造厂、型号、规格、出厂编号、出厂日期等。

6.1.2　试验机应水平安装在稳固的基础上,且具有良好的隔振措施。

6.1.3　试验机附件应齐全,并应标明相应的编号或标识。

6.1.4　试验机周围应留有不小于 0.7 m 的空间,工作环境清洁,周围无强电磁场,无振动,无腐蚀性介质。

6.2　结构及控制性能

6.2.1　试件安装系统包括试件安装框及夹紧装置。应保证试件安装牢固,不应产生倾斜及变形,同时保证试件可开启部分的正常开启。

6.2.2　淋水系统的喷淋装置应满足在试件的全部面积上形成连续水膜并达到规定淋水量的要求。喷嘴布置应均匀,各喷嘴与试件的距离宜相等且不小于 500 mm;装置的喷水量应能调节,并有措施保证喷水量的均匀性。

6.2.3　供压系统应具备施加正负双向压力差的能力,静态压力控制装置应能调节出稳定的气流，动态压力控制装置也能稳定地提供3～5 s周期的波动风压，供压系统应能按照GB/T 7106规定的检测步骤供压和控制，试验机压力输出波形不应有明显畸变，指示和记录装置应清晰、准确。

6.2.4　压力箱的开口尺寸应能满足试件安装的要求，箱体开口部位的构件在承受检测过程中可能出现的最大压力差作用下开口部位的最大挠度值不应超过5 mm或1/1 000，同时应具有良好的密封性能。

6.3　安全保护装置

6.3.1　当施加的压力超过额定压力的5%～10%时，试验机应停止施加压力，各部位均应正常无损。

6.3.2　电器设备应安全可靠、无漏电现象，其电源线与机壳间绝缘电阻应大于2 MΩ。

7　计量器具控制

计量器具控制包括首次检定、后续检定和使用中检查。

7.1　检定条件

7.1.1　环境条件

7.1.1.1　试验机应在(20±5)℃，相对湿度不大于80%的环境中检定，检定过程中温度波动度不大于2 ℃/h。

7.1.1.2　试验机的电源电压的波动应在额定电压的±10%以内。

7.1.2　检定用标准器具

a)门窗物理性能试验机检定装置(以下简称为试验机检定装置)：

压力MPEV：不超过0.5%；

空气流量MPEV：不超过1%；

力值准确度：不低于0.1级；

位移MPEV：不超过0.05%FS；

b)标准模拟窗(要求见附录A)；

c)集水箱：

边长为610 mm的正方形，内部分为四个边长为305 mm的正方形，每个区域设置导向排水管；

d)测量范围不小于2 m的钢卷尺；

e)准确度不低于10级的绝缘电阻测量仪；

f)Ⅱ级(A网络计权)声级计；

g)量程为10 mm的百分表。

7.1.3　连接和预热

7.1.3.1　标准模拟窗应采用合适的方法与试验机连接，使试验机压力箱达到全封闭状态，并应保证足够的连接刚度。

7.1.3.2　开始检定前，试验机及试验机检定装置应按说明书的要求进行预热，说明书未说明的，预热时间不宜少于1 h。

7.2 检定项目和检定方法

7.2.1 试验机首次检定、后续检定和使用中检查项目见表 21-2。

表 21-2 试验机检定项目一览表

序号	检定项目	首次检定	后续检定	使用中检查
1	外观	+	-	-
2	结构及控制性能	+	-	-
3	安全保护装置	+	-	-
4	压力回零差	+	+	-
5	压力示值误差	+	+	+
6	压力示值重复性	+	+	+
7	空气流量回零差	+	+	-
8	空气流量示值误差	+	+	+
9	空气流量示值重复性	+	+	+
10	水流量示值误差	+	+	+
11	水流量示值重复性	+	+	+
12	位移回零差	+	+	-
13	位移示值误差	+	+	+
14	位移示值重复性	+	+	+
15	噪声	+	-	-

注：表中“+”表示必检项目，“-”表示可免检项目。

7.2.2 外观、结构、控制性能及安全保护装置

7.2.2.1 通过目测和实际操作对试验机进行检查，其结果应满足 6.1 和 6.2.1 的要求。

7.2.2.2 在试验机上安装合适试件，使用钢卷尺测量试验机各喷嘴之间的距离及各喷嘴至门窗试件的距离，测量结果应满足 6.2.2 的要求。

7.2.2.3 启动试验机，使试验机在常规工作状态下运行一遍检测程序，检查试验机的工作状态，检查结果应满足 6.2.3 的要求。

7.2.2.4 手动启动试验机使其达到最大压力差并保持，用百分表测量压力箱各开口部位的挠度值，测量结果应满足 6.2.4 的要求。

7.2.2.5 手动控制试验机缓慢加压到额定压力的 105%~110%，观察试验机的工作状态并查看试验机的各部位，检查结果应满足 6.3.1 的要求。

7.2.2.6 用绝缘电阻测试仪在电源线和接地端或机壳间测量，测得的电阻应满足 6.3.2 的要求。

7.2.3 压力回零差、示值误差及示值重复性。

7.2.3.1 手动操作试验机，分别施加正压力至试验机各个量程的上限值，卸至零压力约 30 s 后记录零点。试验机压力的回零差按式(21-1)计算，其结果应满足表 21-1 的要求。

$$F_0=\frac{p_0}{p_N}\times 100\% \tag{21-1}$$

式中　p_0——卸除压力后，试验机压力示值，Pa；

p_N——额定压力值，Pa。

7.2.3.2　检定点的选择

a）对于试验机的气密性能检测程序一般选取±500 Pa、±50 Pa、±100 Pa、±150 Pa 等作为检定点；

b）对于试验机的水密性能检测程序一般选取 100 Pa、300 Pa、500 Pa、700 Pa 等作为检定点；

c）对于试验机的抗风压性能检测程序一般选取±250 Pa、±500 Pa、±1 000 Pa、±2 000 Pa、±3 000 Pa 等作为检定点。

7.2.3.3　按照试验机的使用方法，依次启动气密性检测程序、水密性检测程序和抗风压性能检测程序进行检定，此过程至少重复三次，试验机检定装置自动记录试验机执行程序施加的压力数据。

7.2.3.4　检定时以试验机检定装置为准，分别按式（21-2）和式（21-3）计算试验机的压力示值相对误差、压力示值重复性。

$$\delta_p=\frac{\bar{p}_i-p}{p}\times 100\% \tag{21-2}$$

$$R_p=\frac{p_{i\max}-p_{i\min}}{\bar{p}_i}\times 100\% \tag{21-3}$$

式中　$\bar{p}_i$——3 次测量试验机指示装置指示的压力示值的平均值，Pa；

p——试验机检定装置指示的压力示值，Pa；

$p_{i\max}$——稳定状态下同一测量点试验机指示的压力示值 p_i 的最大值，Pa；

$p_{i\min}$——稳定状态下同一测量点试验机指示的压力示值 p_i 的最小值，Pa。

7.2.4　空气流量回零差、示值误差及示值重复性

7.2.4.1　手动操作试验机，使空气流量达到量程的上限值，卸至零流量约 30 s 后记录零点。试验机流量的回零差按式（21-4）计算，其结果应满足表 21-1 的要求。

$$q_0=\frac{Q_0}{Q_N}\times 100\% \tag{21-4}$$

式中　Q_0——零流量时，试验机流量示值，m^3/h；

Q_N——额定流量值，m^3/h。

7.2.4.2　在试验机执行气密性检测程序时对空气流量进行检定，一般选择空气流量的使用下限、中间值和使用上限作为检定点。

7.2.4.3　启动试验机，并启动试验机检定装置的空气流量检定程序，按照气密性检测程序进行空气流量的检定，同时记录每个检定点的示值。此过程至少重复三次。

7.2.4.4　检定时以试验机检定装置为准，在试验机指示装置上读数，分别按式（21-5）和式（21-6）计算试验机的空气流量示值相对误差、空气流量示值重复性。

$$\delta_Q = \frac{\overline{Q}_i - Q}{Q} \times 100\% \tag{21-5}$$

$$R_Q = \frac{Q_{i\max} - Q_{i\min}}{\overline{Q}_i} \times 100\% \tag{21-6}$$

式中　$\overline{Q}_i$——试验机指示装置指示的标准状态下空气流量3次测量值的平均值，m^3/h；

Q——试验机检定装置指示的标准状态下空气流量值，m^3/h；

$Q_{i\max}$——同一测量点试验机指示的标准状态下空气流量值的最大值，m^3/h；

$Q_{i\min}$——同一测量点试验机指示的标准状态下空气流量值的最小值，m^3/h。

7.2.5　水流量示值

7.2.5.1　依次在压力箱开口部位的高度及宽度的每四等分的交点上安装集水箱，集水箱的开口面平行于喷淋系统，并在试件外样品表面处位置±50 mm 范围内。

7.2.5.2　依次开启喷淋系统，按照压力箱全部开口范围设定总流量达到2 L/(m^2 · min)，启动检定装置淋水量检定程序，10 min 后测量集水箱总淋水量及四个分区的淋水量示值，其结果应满足表21-1的要求。

7.2.6　试验机位移回零差、示值误差及示值重复性

7.2.6.1　试验机位移计的检定点不得少于五个，尽量均匀分布，一般可选择量程的10%、30%、50%、70%、100%等作为检定点。

7.2.6.2　正确安装好试验机位移测量装置，检定前应调好零点，检定时应平稳、缓慢。

7.2.6.3　启动试验机检定装置的位移检定程序，按照检定点的要求逐级递增检定，卸至零点后约30 s记录零点。此过程至少重复三次。

7.2.6.4　试验机位移测量系统的回零差按式(21-7)计算，其结果应满足表21-1的要求。

$$l_0 = \frac{L_0}{L_L} \times 100\% \tag{21-7}$$

式中　l_0——试验机位移测量系统的回零差；

L_0——位移回零以后，试验机位移指示装置的残余示值的最大值，mm；

L_L——位移测量系统的测量上限，mm。

7.2.6.5　检定时以试验机检定装置为准，在试验机指示装置上读数，分别按式(21-8)和式(21-9)计算试验机的位移示值相对误差和位移示值重复性相对误差。

$$\delta_L = \frac{\overline{L}_i - L}{L} \times 100\% \tag{21-8}$$

$$R_L = \frac{L_{i\max} - L_{i\min}}{\overline{L}_i} \times 100\% \tag{21-9}$$

式中　$\overline{L}_i$——3次测量试验机指示装置指示的位移示值的平均值，mm；

L——试验机检定装置指示的位移示值，mm；

$L_{i\max}$——同一测量点试验机指示的位移示值 L_i 的最大值，mm；

$L_{i\min}$——同一测量点试验机指示的位移示值 L_i 的最小值，mm。

7.2.7　测量噪声时,使试验机处于正常工作状态,将声级计的传声器面向声源水平放置,距试验机箱体1.0 m,距地面1.5 m,绕箱体四周测量不少于6点。以各测量点测得的最大值作为试验机的噪声。其结果应满足5.2的要求。

8　检定结果的处理

按本规程检定合格的试验机发给检定证书,检定不合格的试验机发给检定结果通知书,并注明不合格项目。

9　检定周期

试验机的检定周期一般不超过一年。对修理后的试验机,应重新检定。

附录A

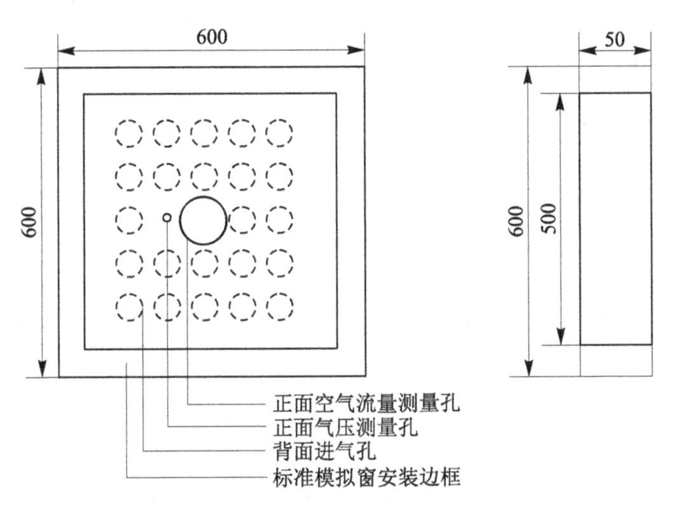

图21-1　标准模拟窗示意图　(单位:mm)

注:(1)标准模拟窗制作必须采用不透气的材料,本身具有足够刚度;

(2)标准模拟窗四周与压力箱相交部分应平整,以保证接缝的高度气密性;

(3)标准模拟窗采用机械连接后用密封胶带密封。

第2节　《建筑外门窗气密、水密和抗风压性能试验机》[JJG(豫)174—2014]解读

1　计量标准的原理及技术指标

(1)试验机由压力箱、试件安装系统、供压系统、淋水系统及测量系统(包括空气流量、压力差及位移测量装置)组成,按照特定的程序、过程用来检测和判断建筑外门窗的气密性能、水密性能、抗风压性能是否符合设计要求或等级要求。

(2)门窗物理性能试验机检定装置采用现场检定的方式,利用模拟窗模拟试验机正常工作,对试验机的各个指标进行检定。流量传感器测量空气流量;压力传感器测量模拟腔内的压力;称重传感器测量水流量,位移测量仪测量变形;最后由数据采集装置统一汇总数据,并给出合格性判别。一体化的检定装置整体避免了其他的人为干扰和机械性干扰,能准确得到最终的判断。

2 计量标准的主要技术指标

计量标准的主要技术指标详见表21-3。

表21-3 计量标准的主要技术指标

名称	型号	测量范围	不确定度或准确度等级或最大允许误差
门窗物理性能试验机(压力)	MSJD-03	-3 000~3 000 Pa	MPE:±0.5%
门窗物理性能试验机(流量)	MSJD-03	2.5~200 m^3/h	MPE:±1%
标准测力仪	1 000 N	10~1 000 N	0.1级
量块	14块	1~200 mm	5等

3 小结

JJG(豫)174—2014的修订为更好地开展建筑外门窗气密、水密和抗风压性能试验机的计量检定和校准工作提供了技术依据,检定方法和技术指标规范统一,保证了该类仪器量值溯源的准确可靠。

第3节 建筑外门窗气密、水密和抗风压性能试验机测量结果的不确定度分析

1 依据

根据《建筑外门窗气密、水密和抗风压性能试验机》[JJG(豫)174—2014],门窗物理性能试验机(以下简称试验机)的主要技术指标有:①压力示值误差;②气体流量示值误差;③单位面积淋水量控制误差;④位移示值误差。

下文用门窗物理性能试验机检定仪校准试验机时的误差:①压力示值误差;②气体流量示值误差;③单位面积淋水量控制误差;④位移示值误差。

2 压力误差的不确定度评定

2.1 数学模型

根据《建筑外门窗气密、水密和抗风压性能试验机》[JJG(豫)174—2014],采用门窗

物理性能试验机检定仪重复3次测量压力。压力误差的计算公式为

$$\delta_p = P_s - P_b \qquad (21\text{-}10)$$

式中　δ_p——压力误差，Pa；

P_s——压力实际测量值，Pa；

P_b——压力标准值，Pa。

2.2　灵敏系数

根据式(21-10)计算可得 $c_1 = 1, c_2 = -1$。

2.3　计算标准不确定度分量

2.3.1　由试验机压力示值重复性引入的不确定度分量 u_1

3次测量值及极差如表21-4所示。

表21-4　3次测量值及极差

标准值/Pa	示值/Pa			极差/Pa
	1	2	3	
100	100.5	100.2	100.2	0.3

压力重复测量值的极差采用A类方法评定不确定度分量 u_1。

$$u_1 = \frac{R_p}{d_n\sqrt{n}} = \frac{0.3}{1.69\sqrt{3}} \approx 0.1(\mathrm{Pa})$$

2.3.2　由试验机检定装置不准确引入的不确定度分量 u_2

已知试验机检定装置压力允差$\pm\delta_p$，故半宽 $\alpha = \delta_p$，估计均匀分布；采用B类方法评定100 Pa压力时的不确定度 u_2。

$$u_2 = 100\times\frac{\delta_p}{\sqrt{3}} = 100\times\frac{0.005}{\sqrt{3}} \approx 0.3(\mathrm{Pa})$$

2.4　标准不确定度一览表

标准不确定度见表21-5。

表21-5　标准不确定度

标准不确定度分量	不确定度来源	标准不确定度 $u(x_i)$/Pa	灵敏系数 c_i	$\lvert c_i \rvert \times u(x_i)$/Pa
u_1	试验机压力示值重复性	0.1	1	0.1
u_2	检定装置不准确	0.3	−1	0.3

2.5　合成标准不确定度

由

$$u_c^2 = u(\delta)^2 = c_1^2u_1^2 + c_2^2u_2^2$$

得

$$u_c = \sqrt{0.1^2 + 0.3^2} \approx 0.3(\mathrm{Pa})$$

2.6　相对扩展不确定度

门窗物理性能试验机压力示值相对扩展不确定度 $U=k\cdot u_c=2\times0.3=0.6(\mathrm{Pa})$。

3　空气流量示值误差的不确定度评定

3.1　数学模型

根据 JJG(豫)174—2014,采用门窗物理性能试验机检定仪重复 3 次测量流量。空气流量误差的计算公式为

$$\delta_Q=Q_s-Q_b$$

式中　δ_Q——空气流量误差,Pa;

Q_s——空气流量测量值,Pa;

Q_b——空气流量标准值,Pa。

3.2　灵敏系数

根据公式计算可得

$$c_1=1,c_2=-1$$

3.3　标准不确定度分量

3.3.1　由试验机空气流量示值重复性引入的不确定度分量 u_1

空气流量重复测量的极差如表 21-6 所示。

表 21-6　空气流量重复测量的极差

标准值/m³	示值/m³			极差/m³
	1	2	3	
100	101.5	102.0	103.0	1.5

依据空气流量重复测量值的极差采用 A 类方法评定不确定度分量 u_1。

$$u_1=\frac{R_p}{d_n\sqrt{n}}=\frac{1.5}{1.69\sqrt{3}}\approx0.5(\mathrm{m}^3)$$

3.3.2　由试验机检定装置不准确引入的不确定度分量 u_2

已知试验机检定装置压力允差$\pm\delta_p$,故半宽 $\alpha=\delta_p$,估计均匀分布;采用 B 类方法评定 100 m³ 空气流量。

$$u_2=100\times\frac{\delta_p}{\sqrt{3}}=100\times\frac{0.01}{\sqrt{3}}\approx0.6\ (\mathrm{m}^3)$$

3.4　标准不确定度一览表

标准不确定度见表 21-7。

表 21-7　标准不确定度

标准不确定度分量	不确定度来源	标准不确定度 $u(x_i)$/m³	灵敏系数 c_i	$\lvert c_i\rvert\times u(x_i)$/m³
u_1	试验机空气流量示值重复性	0.5	1	0.5
u_2	检定装置不准确	0.6	−1	0.6

3.5　合成标准不确定度

由

$$u_c^2=u(\delta)^2=c_1^2u_1^2+c_2^2u_2^2$$

得

$$u_c=\sqrt{0.5^2+0.6^2}\approx0.8(\mathrm{m}^3)$$

3.6　相对扩展不确定度

门窗物理性能试验机压力示值相对扩展不确定度为

$$U=k\cdot u_c=2\times0.8=1.6(\mathrm{m}^3)$$

4　水流量示值误差的不确定度评定

4.1　数学模型

根据JJG(豫)174—2014,采用门窗物理性能试验机检定装置单次测量流量。水流量误差的计算公式为

$$\delta_V=V_s-V_b$$

式中　δ_V——水流量误差,L/(min·m²);

V_s——水流量测量值,L/(min·m²);

V_b——水流量标准值,L/(min·m²)。

4.2　灵敏系数

根据公式计算可得

$$c_1=1,c_2=-1$$

4.3　计算标准不确定度分量

4.3.1　由试验机水流量分度值引入的不确定度分量 u_1

试验机水流量分度值为0.03 L/(min·m²),则

$$u_1=\frac{0.03}{\sqrt{3}}\approx0.02[\mathrm{L/(min\cdot m^2)}]$$

4.3.2　由试验机检定装置不准确引入的不确定度分量 u_2

已知试验机检定装置允差 $\pm\delta_V$,故半宽 $\alpha=\delta_V$,估计均匀分布;采用B类方法评定3 L/(min·m²)流量,则

$$u_2=3\times\frac{\delta_V}{\sqrt{3}}=3\times\frac{0.001}{\sqrt{3}}\approx0.002\ \mathrm{L/(min\cdot m^2)}$$

4.4　标准不确定度一览表

标准不确定度见表21-8。

表21-8　标准不确定度

标准不确定度分量	不确定度来源	标准不确定度 $u(x_i)$/[L/(min·m²)]	传播系数 c_i	$\lvert c_i\rvert\times u(x_i)$/[L/(min·m²)]
u_1	试验机水流量示值分度值	0.02	1	0.02
u_2	检定装置不准确	0.002	-1	0.002

4.5　合成标准不确定度

由

$$u_c^2=u(\delta)^2=c_1^2u_1^2+c_2^2u_2^2$$

得

$$u_c=\sqrt{0.02^2+0.002^2}\approx0.02\ [\mathrm{L/(min\cdot m^2)}]$$

4.6　相对扩展不确定度

门窗物理性能试验机压力示值相对扩展不确定度为

$$U=k\cdot u_c=2\times0.02=0.04[\mathrm{L/(min\cdot m)^2}]$$

5　位移示值误差的不确定度评定

5.1　数学模型

根据JJG(豫)174—2014,采用门窗物理性能试验机检定仪重复3次测量位移。位移示值误差的计算公式为

$$\delta_L=L_s-L_b$$

式中　δ_L——位移示值误差,mm;

L_s——位移测量值,mm;

L_b——位移标准值,mm。

5.2　灵敏系数

根据公式计算可得

$$c_1=1,c_2=-1$$

5.3　计算标准不确定度分量

5.3.1　由试验机位移示值重复性引入的不确定度分量 u_1

压力重复测量值的极差如表21-9所示。

表21-9　压力重复测量值的极差

标准值/mm	示值/mm			极差/mm
	1	2	3	
5	5.00	5.02	5.01	0.02

依据压力重复测量值的极差采用A类方法评定不确定度分量 u_1,则

$$u_1=\frac{R_p}{d_n\sqrt{n}}=\frac{0.02}{1.69\sqrt{3}}\approx0.007(\mathrm{mm})$$

5.3.2　由试验机检定装置不准确引入的不确定度分量 u_2

已知试验机检定装置压力允差±δ_p,故半宽 $\alpha=\delta_p$,估计均匀分布;采用B类方法评定5 mm位移,则

$$u_2=5\times\frac{\delta_p}{\sqrt{3}}=5\times\frac{0.002\ 5}{\sqrt{3}}\approx0.007(\mathrm{mm})$$

5.4　标准不确定度一览表

标准不确定度如表21-10所示。

表21-10　标准不确定度

标准不确定度分量	不确定度来源	标准不确定度 $u(x_i)$/mm	灵敏系数 c_i	$\lvert c_i \rvert \times u(x_i)$/mm
u_1	试验机位移示值重复性	0.007	1	0.007
u_2	检定装置不准确	0.007	−1	0.007

5.5　合成标准不确定度

由

$$u_c^2=u(\delta)^2=c_1^2u_1^2+c_2^2u_2^2$$

得

$$u_c=\sqrt{0.007^2+0.007^2}\approx 0.01(\text{mm})$$

5.6　相对扩展不确定度

门窗物理性能试验机压力示值相对扩展不确定度为

$$U=k\cdot u_c=2\times 0.01=0.02(\text{mm})$$

第22章　烟支硬度计计量技术解析

烟支硬度是烟支内烟丝的物理性质及其分布疏密程度的反应，烟支硬度计是测量烟支硬度的专用设备。本章结合《烟支硬度计检定规程》(JJG 1031—2007)，对其计量技术进行解读，来评定测量结果的不确定度。

第1节　《烟支硬度计检定规程》(JJG 1031—2007)节选

1　范围

本规程适用于点压法烟支硬度计(以下简称硬度计)的首次检定、后续检定和使用中检验。

2　概述

点压法烟支硬度计是用于测定卷烟、滤棒硬度的计量器具。通过规定直径的圆柱压头，对卷烟、滤棒施加2.94 N的径向试验力，保持15 s后测得压陷量，用式(22-1)计算出烟支硬度：

$$\mathrm{HCI}=\frac{D-\mathrm{a}}{D}\times 100\% \tag{22-1}$$

式中　HCI——烟支硬度；

D——压缩前的试样直径，mm；

a——压陷量，mm。

3　计算性能要求

3.1　试验力保持时间

试验力保持时间为(15±1)s。

3.2　试验力

试验力为(2.94±0.01)N。

3.3　压陷量测量装置

量程不小于9.5 mm，分辨力不大于0.01 mm，允差±0.02 mm，重复性0.02 mm。

3.4　压头

端面为平面，直径为(12.00±0.01)mm。

4　通用技术要求

4.1　外观

4.1.1　硬度计应有铭牌,铭牌上应标注产品名称、型号规格、制造商、制造日期、出厂编号等,还应有制造计量器具许可证标志和编号。

4.1.2　硬度计应水平放置在无振动、稳固的工作面上。

4.1.3　硬度计显示应清晰。

4.1.4　试验力施加机构应灵活,无卡滞现象。

4.2　试样定位装置

硬度计的试样定位装置应和烟支相适应,在施加试验力时试样不能有移动现象。

4.3　施加试验力

压头应垂直施加试验力,施加试验力速度应平稳,不应对试样产生明显冲击。

5　计量器具控制

计量器具控制包括首次检定、后续检定和使用中检验。

5.1　检定条件

5.1.1　计量标准器

5.1.1.1　标准测力仪:范围1~5 N,准确度等级0.1级,标准测力仪形状应和试样定位装置相适应。

5.1.1.2　时间间隔测量仪:误差±0.1 s。

5.1.1.3　烟支硬度计检定仪:力值范围1~5 N,准确度等级0.1级,形状应和试样定位装置相适应;时间测量误差±0.1 s。

5.1.1.4　带表千分尺:测量范围0~25 mm,分度值0.001 mm。

5.1.1.5　标准棒:圆形棒直径规格为4 mm、5 mm、6 mm、7 mm、8 mm、9 mm,标准值误差不大于0.005 mm,圆形度不大于0.005 mm(结构示意图见附录A)。

5.1.2　检定环境

温度为(20±5)℃,相对湿度为不大于70%。

5.2　检定项目和检定方法

5.2.1　首次检定、后续检定和使用中检验项目如表22-1所示。

表22-1　检定项目一览表

检定项目	首次检定	后续检定	使用中检验
外观	+	+	+
试验力保持时间	+	+	-
试验力	+	+	+
压陷量测量装置	+	+	+
压头直径	+	-	-

注:1.表中"+"表示必检项目;"-"表示免检项目,也可根据实际情况和用户要求进行检定。

2.安装及修理后的检定原则上按首次检定进行。

5.2.2　检定方法

5.2.2.1　外观

按通用技术要求 4.1~4.3,通过实际操作和观察进行检查,经检查符合要求后再进行其他项目的检定。

5.2.2.2　试验力保持时间的检定

a)使用标准测力仪检定试验力保持时间

在仪器试样定位装置中放置标准测力仪,按动测试键。压头应缓慢下降,在施加试验力过程中,当标准测力仪显示力值达到试验力时,启动时间间隔测量仪测量,当开始卸除试验力时,停止时间间隔测量仪测量,时间间隔测量仪的读数即为试验力保持时间。重复检定 3 次,取平均值,试验力保持时间误差 Δ_t,按式(22-2)计算,应符合 3.1 的要求。

b)使用烟支硬度计检定仪检定试验力保持时间

在仪器试样定位装置中放置烟支硬度计检定仪的异型传感器,按动测试键,压头应缓慢下降,烟支硬度计检定仪自动判断施加试验力的初始时刻,并开始计时,当卸除试验力时烟支硬度计检定仪自动停止计时,显示试验力保持时间,记录其显示值。重复检定 3 次,取平均值,试验力保持时间误差 Δ_t 按式(22-2)计算,应符合 3.1 的要求。

$$\Delta_t = T_0 - T \tag{22-2}$$

式中　T——试验力保持时间实测 3 次平均值,s;

T_0——标称试验力保持时间,s。

5.2.2.3　施加试验力的检定

a)使用标准测力仪检定施加试验力

把标准测力仪放置到试样定位装置中,预热 30 min,预压 3 次,使标准测力仪和硬度计都处在工作状态,按下测试键,记录标准测力仪显示值。重复 3 遍,取其平均值。试验力误差 Δ_F 按式(22-3)计算,应符合 3.2 要求。

b)使用烟支硬度计检定仪检定施加试验力

把烟支硬度计检定仪的异型传感器放置到试样定位装置中,预热 30 min,预压 3 次,使烟支硬度计检定仪和硬度计都处在工作状态,按下测试键,记录烟支硬度计检定仪显示值。重复 3 遍,取其平均值。试验力误差 Δ_F 按式(22-3)计算,应符合 3.2 的要求。

$$\Delta_F = F_0 - F \tag{22-3}$$

式中　F——试验力实测 3 次平均值,N;

F_0——标称试验力,N。

5.2.2.4　压陷量测量装置的检定

a)烟支硬度计预热后,观察烟支硬度计的分辨力。数字显示装置的分辨力,为最低位数字显示变化一个步进量时的示值差;模拟读数装置的分辨力,为最小分度值的 1/2;应符合 3.3 的要求。

b)分别用直径为 4 mm、5 mm、6 mm、7 mm、8 mm、9 mm 的标准棒进行测量,每一个标准棒的直径作为一个测量点,记录各点的显示值。重复 3 遍,按式(22-4)、式(22-5)计算出各点的误差 Δ_L 和各点的重复性 R_L,应符合 3.3 的要求。

$$\Delta_L = L_i - L_{i0} \tag{22-4}$$

$$R_L = L_{i\max} - L_{i\min} \tag{22-5}$$

式中　L_i——第 i 点的显示值,mm;

L_{i0}——第 i 点标准棒的直径,mm;

$L_{i\max}$——第 i 点 3 次显示值的最大值,mm;

$L_{i\min}$——第 i 点 3 次显示值的最小值,mm。

5.2.2.5　压头直径的检定

用带表千分尺分别测量压头两垂直方向上的直径,取平均值,其与标称直径之差,应符合 3.4 的要求。

5.3　检定结果的处理

按本规程的规定,经检定合格的硬度计出具检定证书,不合格的出具检定结果通知书,并注明不合格项目。

5.4　检定周期

检定周期一般不超过 1 年,根据使用情况,可以缩短检定周期。

附录 A　标准棒结构示意图

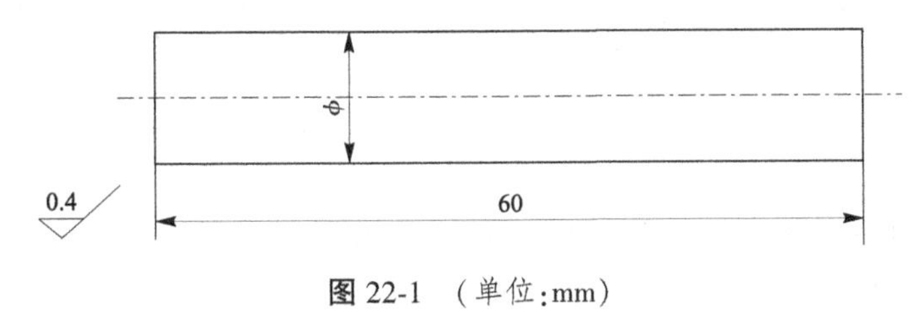

图 22-1　(单位:mm)

1.表面粗糙度:0.4

2.圆形棒直径(ϕ)规格为 4 mm、5 mm、6 mm、7 mm、8 mm、9 mm。

3.圆柱度不大于 0.005 mm。

第 2 节　《烟支硬度计检定规程》(JJG 1031—2007)解读

1　制定背景

随着国民经济的飞速发展,作为国家税务、外汇收入的重要来源及国民经济支柱之一的烟草行业,卷烟的质量直接影响到国民经济。烟支硬度是评判卷烟质量好坏的重要指标之一,是由烟支硬度计测定的。因此,保证烟支硬度计的准确可靠显得特别重要。烟支硬度计使用比较广泛,大都分布在卷烟生产行业及烟支质检站。此前烟支硬度计没有国家计量检定规程,仅有一个行业检定规程,规程代号为 JJG(烟草)06—1998。由于此行业检定规程发布较早,已不能适应新型烟支硬度计的计量需求。因此,需要制定国家烟支硬度计检定规程,提出合理的技术指标,制定科学的检定方法,使烟支硬度计量值溯源到国家有关基准,保证烟支硬度计的准确可靠。

河南省计量科学研究院提出了制定烟支硬度计检定规程的申请,经国家质量监督检验检疫总局审核,于2003年批准制定烟支硬度计检定规程。

河南省计量科学研究院根据国家质量监督检验检疫总局下达的文件成立了编制小组,在调研中共走访了20家使用单位,给全国力值硬度计量技术委员会、计量部门、有关技术标准起草单位和人员、生产厂家等发信并收集了大量的资料,还查询了国内外关于烟支硬度计的文献资料,编制完成了《烟支硬度计检定规程征求意见稿》,在全国计量检定机构、力值硬度计量技术委员会、生产厂家、烟支硬度计使用单位等广泛征求意见,最终完成了《烟支硬度计检定规程》(JJG 1031—2007),并由国家质量监督检验检疫总局发布实施。

JJG 1031—2007是根据《国家计量检定规程编写规则》(JJF 1002—2010)等计量法规的要求及烟支硬度计发展的需求编制的。给全国计量部门提供了检定依据,给烟支硬度计生产厂家提供了生产依据。

2 计量性能的确定

规定压陷量测量装置的量程不小于9.5 mm,是因为现在的卷烟或滤棒直径大都是9.5 mm以下。

3 计量器具控制

第5.1.2条规定的环境温度和湿度是和卷烟的试验条件相吻合的。

第5.2.2.4条规定了6个检定点,根据情况也可增加检定点。

第3节 烟支硬度计检定结果的不确定度评定

1 概述

烟支硬度计主要用于对烟支硬度的检定,其主要技术指标为:力值试验力(2.94±0.01)N;试验力保持时间(15±1)s;压陷量允差±0.02 mm。用烟支硬度计检定仪检定烟支硬度计,下面分别对这3项技术指标进行检定的测量不确定度加以分析。

2 力值不确定度评定

用烟支硬度计检定仪对烟支硬度计进行力值标定,进而判断其是否符合最大允许误差或误差分散区间半宽的要求。

2.1 数学模型

$$\delta = F - F_0$$

式中 δ——烟支硬度计力值误差,N;

F——烟支硬度计力值标称值,N;

F_0——烟支硬度计检定仪力值示值,N。

注: 数显式传感器测力仪,受温度的影响量非常小,温度修正可忽略不计。

2.2　灵敏系数

F_0 的灵敏系数:

$$c_1=\frac{\partial\delta}{\partial F_0}=-1$$

F 的灵敏系数:

$$c_2=\frac{\partial\delta}{\partial F}=1$$

2.3　标准不确定度来源

(1)烟支硬度计检定仪 $u(F_0)$ 引入的标准不确定度分量 u_{11}(B 类不确定度分量)。

$$u(F_0)=u_{11}$$

$$u_1=c_1\times u(F_0)$$

(2)烟支硬度计示值误差不确定度 $u(F)$ 引入的标准不确定度分量,是重复测量引起的不确定度分量 u_{21}(A 类不确定度分量)。

$$u(F)=u_{21}$$

$$u_2=c_2\times u(F)$$

2.4　合成不确定度

$$u_c=\sqrt{u_1^2+u_2^2}$$

2.5　标准不确定度分量的评定

以下以 0.1 级烟支硬度计检定仪、检定型号为 QTMT、编号 09012654818739 的河南省烟草产品质量监督检验站的烟支硬度计为例,确定被检烟支硬度计的力值示值误差与不确定度,进而判断其是否符合最大允许误差或误差分散区间半宽的要求。

2.5.1　标准不确定度分量 u_1 的评定

烟支硬度计检定仪为 0.1 级,其不确定度为 0.1%,在 2.94 N 检定点的标准不确定度分量 u_{11} 为

$$u_{11}=2.94\times 0.001=0.002\ 9(\text{N})$$

$$u(F_0)=u_{11}=0.002\ 9\ \text{N}$$

$$u_1=c_1\times u(F)=-0.002\ 9(\text{N})$$

2.5.2　标准不确定度分量 u_2 的评定

烟支硬度计检定仪力值示值(2.94 N 检定点)如表 22-2 所示。

表 22-2　烟支硬度计检定仪力值示值(2.94 N 检定点)　　单位:N

标称力值	烟支硬度计检定仪力值示值									
2.94	2.936	2.938	2.936	2.938	2.937	2.938	2.937	2.936	2.937	2.938	2.936

由表 22-2 测量结果可得 2.94 N 点处烟支硬度计检定仪 11 次重复测量得到的测量估计值及测量的标准差分别为

$$\bar{x}=\frac{\sum_{i=1}^{n} x_i}{n}=2.937(\mathrm{N})$$

$$s=\sqrt{\frac{\sum_{i=1}^{n}(x_i-\bar{x})^2}{n-1}}\approx 0.001(\mathrm{N})$$

在实际检定时只对每点重复检定 3 遍，故

$$u_2=\frac{s}{\sqrt{3}}\approx 0.000\,6(\mathrm{N})$$

2.6 合成标准不确定度的评定

2.6.1 标准不确定度分量一览表

标准不确定度分量一览表如表 22-3 所示。

表 22-3 标准不确定度分量一览表

不确定度来源	标准不确定度 u_i/N	灵敏度 c_i	标准不确定度分量 $\|c_i \cdot u_i\|$/N
烟支硬度计检定仪	0.002 9	−1	0.002 9
重复测量引起	0.001 6	1	0.000 6

2.6.2 合成标准不确定度 u_c 的评定

$$u_c=\sqrt{u_1^2+u_2^2}=\sqrt{[(0.002\,9)^2+(0.000\,6)^2]}\approx 0.003(\mathrm{N})$$

2.7 扩展不确定度 U 的计算

取 $k=2$，则

$$U=k\times u_c=2\times 0.003=0.006(\mathrm{N})$$

由此可知，烟支硬度计检定仪在 2.94 N 检定点是符合最大允许误差或误差分散区间半宽要求的。

3 压陷量的测量不确定度评定

用烟支硬度计检定仪检定烟支硬度计的压陷量，以确定烟支硬度计的误差与不确定度，进而判断其是否符合最大允许误差或误差分散区间半宽的要求。

3.1 数学模型

$$\delta=\phi-\phi_0$$

式中 δ——烟支硬度计的测量误差，mm；

ϕ——烟支硬度计的测量值，mm；

ϕ_0——烟支硬度计的标准棒标称值，mm。

3.2 灵敏系数

ϕ_0 的灵敏系数：

$$c_1=\frac{\partial\delta}{\partial\phi_0}=-1$$

ϕ 的灵敏系数：

$$c_2=\frac{\partial\delta}{\partial\phi}=1$$

3.3　标准不确定度来源

(1)烟支硬度计 $u(\phi_0)$ 引入的标准不确定度分量 u_{11}(B 类不确定度分量)。

$$u(\phi_0)=u_{11}$$

$$u_1=c_1\times u(\phi_0)$$

(2)标准棒引入的不确定度 $u(\phi)$ 引入的标准不确定度分量 u_2,是重复测量引起的不确定度分量 u_{21}(A 类不确定度分量)。

$$u_2=u(\phi)=u_{21}$$

(3)标准棒的均匀度引入的不确定度 u_{22}。

3.4　合成不确定度

$$u_c=\sqrt{u_1^2+u_{21}^2+u_{22}^2}$$

3.5　标准不确定度分量的评定

以下以 8 mm 检定点为例,计算 8 mm 检定点的测量不确定度。

3.5.1　标准不确定度分量 u_1 的评定

标准棒允许误差为 0.005 mm,其标准不确定度分量 u_{11} 为

$$u_{11}=0.005/\sqrt{3}\approx 0.003(\text{mm})$$

$$u(\phi_0)=u_{11}=0.003(\text{mm})$$

$$u_1=c_1\times u(\phi_0)=-0.003(\text{mm})$$

3.5.2　标准不确定度分量 u_{21} 的评定

用烟支硬度计对标准棒重复测量 11 次,测量结果如表 22-4 所示。

表 22-4　标准棒检定值(8 mm 检定点)　单位:mm

标称值	烟支硬度计示值										
	1	2	3	4	5	6	7	8	9	10	11
8	7.99	8.00	8.00	7.99	8.00	7.99	8.00	7.99	7.99	8.00	7.99

计算可知 8 mm 检定点处 11 次重复测量得到的测量估计值及测量的标准差分别为

$$\bar{x}=\frac{\sum_{i=1}^{n}x_i}{n}\approx 7.995(\text{mm})$$

$$s=\sqrt{\frac{\sum_{i=1}^{n}(x_i-\bar{x})^2}{n-1}}\approx 0.005(\text{mm})$$

3.5.3 标准不确定度 u_{22} 的评定

标准棒的均匀度为 0.005 mm，其引入的标准不确定度分量 u_{22} 为

$$u_{22}=0.005/\sqrt{3}\approx0.003(\text{mm})$$

3.6 合成标准不确定度的评定

合成标准不确定度 u_c 的评定为

$$u_c=\sqrt{u_1^2+u_{21}^2+u_{22}^2}=\sqrt{[0.003^2+0.005^2+0.003^2]}\approx0.007(\text{mm})$$

3.7 扩展不确定度 U 的计算

取 $k=2$，则

$$U=k\times u_c=2\times0.007=0.014(\text{mm})$$

由此可知，标准棒的不确定度是符合最大允许误差或误差分散区间半宽要求的。

第 23 章　容重器计量技术解析

容重器是通过测量一定容积谷物的质量,为确定谷物等级提供依据的计量器具。作为收购粮食作物评判等级的重要参考依据,容重器得到了广泛的使用,容重反映了水稻、玉米籽粒的饱满程度,受水分、杂质的影响等。由此可见,容重器的准确与否直接关系到供需双方贸易结算的公平与否。因此,国家市场监督管理总局将其列入《中华人民共和国强制检定的工作计量器具的明细目录》,要求对其实行强制检定管理。本章结合作者多年工作实践,从检定规程、规程内容解读,常见故障及其排除和不确定度分析等方面进行阐述。

第 1 节　《容重器》(JJG 264—2008)节选

1　范围

本规程适用于容重器首次检定、后续检定和使用中的检验。

2　引用文献

本规程引用下列文献:

《非自行指示秤》(JJG 14—1997)

《数字指示秤》(JJG 539—1997)

《玉米》(GB 1353—1999)

《粮食、油料检验 容重测定法》(GB 5498—1985)

使用本规程时,应注意使用上述引用文献的现行有效版本。

3　术语和计量单位

3.1　容重器

通过测量一定容积谷物的质量,为确定谷物等级提供依据的计量器具。

3.2　容量筒

用于测量谷物质量的标准容量为 1 L 的圆柱形筒。

3.3　谷物

小麦、高粱、谷子和玉米等散粒体。

3.4　中间筒

连接谷物进料筒,使谷物试样经过漏斗开关自由下落至容量筒中的圆柱体。

3.5　**排气锤**

在工作状态时,排空容量筒内的气体,随谷物同时落入容量筒底端的圆柱体。

3.6　**插片**

用于平整容量筒中谷物的铝制平板。

3.7　**漏斗**

导流谷物的分配器。

3.8　**计量单位**

容重器的计量单位为 g/L。

4　概述

容重器主要用于测量谷物的质量。它由称重系统(数字指示秤或非自行指示秤)、容量筒、谷物筒和中间筒构成。其工作原理是利用带有排气锤的容量筒,使被测谷物均匀地分布在容量筒内,检验被测谷物在单位体积的质量。容重器的结构图见附录 A。

5　计量性能要求

5.1　**容量筒**

容量筒的容积(从排气锤的上面起,到豁口的下缘止)为 1 L,最大允许误差为±2.0 mL。

5.2　**衡器**

秤的最大秤量范围为 1 kg,检定分度值为 1 g;准确度为Ⓘ级。

6　通用技术要求

6.1　**外观要求**

6.1.1　容重器表面应平整、光滑,不得有明显的缩痕、废边、裂纹、气泡和变形等现象;金属件表面镀层应无脱落、锈蚀和起层。

6.1.2　容量筒的筒体和筒底的连接必须牢固,不得松动。套上中间筒和谷物筒以后必须垂直于底板,整个装置必须平稳。

6.1.3　容重器的零部件不应有明显的锈蚀、凹陷、裂纹、尖刺、毛边等缺陷。除铝制零件和刀子外,所有金属零件均应镀镍、铬或其他防腐层。

6.1.4　插片必须平整、光滑,不得有镀层脱落和表面生锈现象。

6.1.5　在按下斗门扣板时,斗门能自动弹出,漏斗的孔应完全打开。

6.2　**称重装置的技术要求**

6.2.1　数字指示秤应符合《数字指示秤》(JJG 539—1997)第 3 条、第 4 条的要求。

6.2.2　非自行指示秤应符合《非自行指示秤》(JJG 14—1997)第 3 条、第 4 条的要求。

6.3　**标记**

容重器应具有下列标记:产品名称、制造厂或商标、标称容量(mL),型号规格及出厂编号。

7　计量器具控制

容重器计量器具控制包括首次检定、后续检定以及使用中检验。

7.1　检定条件

7.1.1　容重器应在室温为(20±5)℃，且室温变化不得大于1 ℃/h的条件下进行检定。

7.1.2　检定介质为清洁水。

7.1.3　检定介质应提前24 h放入实验室内，使其温度与室温温差不得大于2 ℃。

7.1.4　待检容重器应在检定前4 h放入实验室内。

7.1.5　检定设备

检定设备必须经检定合格且在检定周期内。主要检定设备见表23-1。

表23-1　主要检定设备

<table>
<tr><th></th><th>仪器名称</th><th>测量范围</th><th>技术要求</th><th>备注</th></tr>
<tr><td rowspan="8">主要设备</td><td>标准砝码</td><td>1～500 g</td><td>F₂级</td><td></td></tr>
<tr><td>标准砝码</td><td>1 kg</td><td>F₂级</td><td></td></tr>
<tr><td>标准玻璃量器</td><td>1 000 mL</td><td>二等(量瓶型)</td><td rowspan="2">容量比较法使用</td></tr>
<tr><td>分度吸量管</td><td>2 mL</td><td>A级</td></tr>
<tr><td>量块</td><td>88.5 mm</td><td>五等</td><td rowspan="4">几何测量法使用</td></tr>
<tr><td>内径百分表</td><td>0～50 mm</td><td></td></tr>
<tr><td>千分尺</td><td>0～25 mm</td><td></td></tr>
<tr><td>深度游标卡尺</td><td>0～300 mm</td><td>0.02 mm</td></tr>
<tr><td rowspan="3">辅助设备</td><td>温度计</td><td>0～50 ℃</td><td>0.1 ℃</td><td rowspan="3"></td></tr>
<tr><td>有机玻璃插片</td><td></td><td></td></tr>
<tr><td>塞尺</td><td></td><td></td></tr>
</table>

7.2　检定项目

检定项目见表23-2。

表23-2　检定项目

检定项目	首次检定	后续检定	使用中检验
外观	+	+	-
容量	+	+	+
秤	+	+	+

注："+"表示应检定项目；"-"表示可不检定项目。

7.3　检定方法

7.3.1　外观检查

7.3.1.1　用目测检查外观应符合第 6.1 条的规定。

7.3.1.2　检查容量筒、排气锤以及插片、斗门,应符合第 6.2 条、第 6.3 条的规定。

7.3.2　称重装置的检定

7.3.2.1　数字指示秤的检定按《数字指示秤》(JJG 539—1997)第 5 条执行。

7.3.2.2　非自行指示秤的检定见附录 C。

7.3.3　容量筒的检定

容量筒的检定采用容量比较法。用二等标准玻璃量器通过检定介质对容重器的容量直接比较,经过温度修正确定其容积。

$$V_{20}=V_{B}[1+\beta_{1}(t_{1}-20)+\beta_{2}(20-t_{2})+\beta_{w}(t_{2}-t_{1})] \tag{23-1}$$

式中　V_{20}——容量筒在 20 ℃时的容量值,L;

V_{B}——标准玻璃量器在 20 ℃时的容量值,L;

β_{1}——标准玻璃量器的体胀系数, ℃$^{-1}$;

β_{2}——容量筒的体胀系数, ℃$^{-1}$;

β_{w}——水的体胀系数(一般取 0.000 2), ℃$^{-1}$;

t_{1}——标准玻璃量器检定时的测量温度, ℃;

t_{2}——检定容量筒时的测量温度, ℃。

7.3.3.1　把排气锤放入容量筒内,用凡士林油涂抹排气锤和量壁之间的缝隙处,并用蘸有酒精的脱脂棉将筒壁上多余的凡士林油擦净。

7.3.3.2　将 1 000 mL 量出式标准玻璃量器内注入清洁水至刻线,使弯月面下缘与刻线上缘相切。

7.3.3.3　用分度吸量管从标准玻璃量器内吸出 2.0 mL 清洁水。此时,标准玻璃量器的容量为 998.0 mL。

7.3.3.4　将量出式标准玻璃量器内的清洁水倒入被检定的容量筒内,注入水时标准玻璃量器要逐渐倾斜至 30°,在水流尽后等待 60 s。

7.3.3.5　把有机玻璃片平稳而缓慢地插进容量筒的豁口槽内,以判断其容积大小:

(1)若筒内水溢出,说明容量筒内实际容量达不到第 5.1 条的要求;

(2)若有机玻璃片与水之间有气泡,用分度吸量管吸取适量的水徐徐注入至气泡消失,记录分度吸量管排出的容量值;若超过 2.0 mL 容量,容量筒内仍留有气泡,说明容量筒内实际容量同样达不到第 5.1 条的要求。

7.4　检定结果的处理

经检定合格的容重器发给检定证书,不合格的容重器发给检定结果通知书,并注明不合格项。

7.5　检定周期

容重器的检定周期为 1 年。

附录 A　容重器结构示意图

1—谷物筒；2—底座；3—砝码；4—漏斗；5—排气锤；6—清零键；7—校准键；8—打印键；9—容量筒；10—中间筒；11—电子秤；12—打印机；13—电源开关；14—箱体。

图 23-1　数字指示秤式容重器

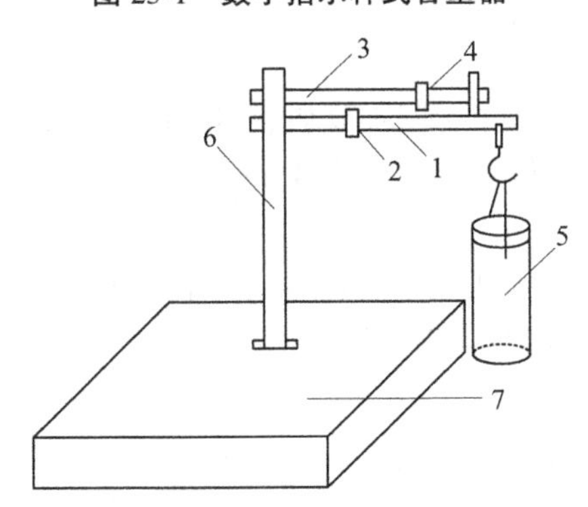

1—主标尺；2—主游砣；3—副标尺；4—副游砣；5—容量筒；6—杠杆立柱；7—底座。

图 23-2　非自行指示秤式容重器

附录 B　容量筒的几何测量法

B1　工作高度平均值 $\bar{h}$ 的测定

（1）将排气锤放入容量筒内，用 300 mm 深度卡尺测量容量筒顶部到排气锤的高度 H_1；将插片插进豁口槽内，用深度尺测量容量筒顶部到插片的高度 H_2；将插片抽出，用千分尺测量插片的厚度 H_3 并记录。

$$h=H_1-H_2-H_3 \tag{23-2}$$

式中　h——工作高度，mm。

（2）将容量筒旋转 90°，重复（1）款项测量，算出工作高度平均值 $\bar{h}$。

$$\bar{h}=\frac{h_1+h_2+\cdots+h_n}{n} \tag{23-3}$$

式中　h_1——第 1 次测量值；

h_2——第 2 次测量值；

h_n——第 n 次测量值（$n \leqslant 4$）。

B2　内径 $\overline{D}$ 的测定：

用量块和已调整好的内径百分表分别在容量筒内壁的工作高度 1/4，2/4，3/4 处测量；再把容量筒旋转 90°，在同样工作高度的三个位置测量；记录六组数据并算出平均值 $\overline{D}$。其最大值与最小值之差不得大于 0.10 mm。

B3　数据处理

容积的计算：

根据所测数据，依照下式按计算容量筒的实际容积：

$$V=\frac{\pi}{4}\overline{D}^2\overline{h} \tag{23-4}$$

容量筒的实际容量应符合第 5.1 条的规定。

附录 C　非自行指示秤的检定方法

C1　技术要求

C1.1　最小灵敏度。

在秤处于平衡状态时，施加一个附加砝码，其值相当于所加砝码最大允许误差的绝对值，由此引起计量杠杆的恒定位移至少应为 3 mm。

C1.2　标尺。

（1）标尺的刻线宽度应不大于 0.8 mm，间距应不小于 2 mm。

（2）双标尺上主标尺的标尺标记由槽口组成。

C1.3　游铊。

（1）游铊在标尺上需施加一定的力，才能移动自如。

（2）游铊在标尺上移动，应限制到标尺零点刻线的部位。

（3）游铊内的调整重物应固定在游铊腔内。游铊上下两个部分应固紧，不用工具不能打开。大游铊上的“卡齿”应与计量杠杆主标尺分度槽口两侧紧密接触，但不得触及槽口底部。卡齿不抬起时游铊不能有任何移动。

C2　秤的检定

C2.1　将主、副标尺游铊置于零点分度线位置，用平衡螺母调整平衡。

C2.2　计量杠杆平衡位置的确定。

计量杠杆在视准器内做上下均匀摆动，其摆幅在第一周期内距视准器上下边缘的距离不大于 1 mm，计量杠杆即处于平衡状态。

C2.3　将重点刀和支点刀分别沿其刀承的纵向平稳移至一极限位置，使刀子的减摩件与刀承紧密接触，然后移至另一极边位置，每次移动后计量杠杆的幅度允许缩小，但其距视准器上下边缘的距离应不大于 2 mm。

C2.4　主标尺示值检定。

将主游铊移至主标尺最大量值“槽口”的位置，在容量筒内放入相应的砝码 M，使之平衡，然后按下式求出每个“槽口”分度值当量 m。

$$m=\frac{M}{N}$$

式中　N——主标尺“槽口”分度数（不含零点“槽口”）。

按照 m 与“槽口”序号（不含零点“槽口”）乘积的量值加放砝码，逐个测试“槽口”分度值。

C2.5　副标尺示值和1/10秤量灵敏度的检定。

将小游铊移至副标尺最大分度值处，在容量筒内放入相应砝码应能平衡。如在平衡时加上或取下测试灵敏度用的砝码，而计量杠杆尾端静止点的改变不小于3 mm，则认为灵敏度合格。必要时，可以抽检副标尺任一分度。

C2.6　最大秤量的准确性和灵敏度的检定。

大、小游铊均移至最大分度值处，在容量筒内放入1 kg砝码应能平衡。如在平衡时加上或取下测试灵敏度用的砝码，计量杠杆尾端静止点的改变不小于3 mm，则认为灵敏度不合格。

C2.7　回零测试。

取下全部砝码，大、小游铊均移至零点分度值处，应能平衡。

C2.8　在秤的全部检定过程中，如不平衡，则增减各该秤量的允差砝码，应能平衡或超过平衡。

第2节　《容重器》（JJG 264—2008）解读

1　主要性能

由于容重是指单位体积内物体的质量，因此其主要计量系统由容量筒和衡器组成。按照检定规程要求，容量筒的容积（从排气锤的上面起，到豁口的下缘止）为1 L，最大允许误差为±2.0 mL。衡器（秤）的最大秤量范围为1 kg，检定分度值为1 g；准确度为㊂级。

2　计量器具控制

JJG 264—2008要求，使用清洁水作为容量的检定介质。

称重装置分为数字式指示秤和非自行指示秤。

数字式指示秤在检定前首先开机预热，之后从零点起逐步施加砝码至最大秤量，并以同样方法逆顺序将砝码逐步卸至零点。在检定过程中应注意，在加、卸砝码时，应逐渐地递增或递减。秤量检定应至少选择5个不同的载荷。所选定的载荷点中，应包括最小秤量、最大秤量、最大允许误差改变的载荷值。示值重复性用约 50%最大秤量的载荷在承载器上进行 3 次称量,在每次加载后或卸载后示值达到静态稳定时读数,重复性计算参照 JJG 539—2016 检定规程进行。在偏载测量中,使用大砝码优于使用一些小砝码,若使用单个的砝码,则应将其放置在指定区域的中心位置;若使用一些小砝码时,则应将它们均匀分布在整个指定区域。

非自行指示秤的检定首先要检定最小灵敏度。在秤处于平衡状态时,施加一个附加砝码,其值相当于所加砝码最大允许误差的绝对值,由此引起计量杠杆的恒定位移至少为 3 mm。秤的检定包含主、副标尺示值检定及副标尺 1/10 秤量灵敏度的检定。

容量筒的检定采用容量比较法。即用二等标准玻璃量器通过检定介质对容重器的容量直接比较,经过温度修正确定其容积。

第 3 节　常见故障及其排除

容重器的失准主要是秤的计量失准。常见的失准原因和调修办法有以下几点:

(1)长期使用,从不检修。据了解,这种情况比较普遍,原因有二:一是使用人员不知道需要检定;二是有许多计量检定部门还未开展此项工作,强制检定没有全面展开。由于上述原因,使用单位对使用中的仪器没有进行定期性检修,仪器从买回来后一直使用,时间长了计量性能逐渐变差。由于容重器使用频繁,部件又易于磨损,因此对其 1 年检修 1 次是非常必要的,以每年麦收前夕检修为好。

(2)使用者在没有完全掌握仪器结构性能的情况下,随意调整零部件,造成计量失准。出现问题最多的是主标尺和副标尺上的大游砣和小游砣被随意调配。大游砣和小游砣在出厂前检定时已经过合理配重,一般情况下是不需要调配的。有的使用者遇到用平衡调节砣调不到平衡的问题时,往往习惯调整游砣的配重,以为仪器只要能调平衡,就可正常使用。这种认识是错误的。这种无标准的调配方法破坏了游砣的合理配重,秤的准确度也遭到破坏,只能是越调越糟。作为使用人员,发现问题应及时找计量检修人员解决,决不可随意处理。如果游砣需要重新调配,必须用高于四等的标准砝码(或增陀)边调边检,调整一次,检定一次,反复调整,反复检定,直到合适。也可以用其他方法以标准砝码调准。

(3)仪器上的支点刀和重点刀往往因为使用时间长受到磨损而使得刀刃变钝。有的使用人员不注意保养和维护,甚至可能使刀刃生锈,从而引起仪器的灵敏度下降。这时可以将刀刃用砂轮少许磨几下,使其锋利。但要注意磨削量不能过大,而且要保持对称,刀刃口两边磨的力度和次数尽量一致,以保持刀的正确形状。如果刀刃太钝,磨几下还不行,甚至出现豁口,就必须更换新刀子。

(4)仪器支点刀承是玛瑙制造的,由于硬而脆,容易碰触豁口,从而影响秤的计量性能。拆装和使用时应尽量避免磕碰。如果已经碰坏,经检定调修计量仍不合格的,应及时更换,重点刀承是由金属制造的,常见的问题是生锈,应注意保养及经常检查。

(5)在检修中常常见到仪器刀刃、刀承上沾满灰尘,甚至油泥,这种情况当然会降低仪器的灵敏度。所以仪器在使用前后各个部件都应用清洁、柔软、干燥的抹布擦净。同时要注意刀口及整个形状均不能碰撞,以免发生移位而影响称量的准确度。

第4节　容重器检定结果的不确定度分析

1　测量方法

容量筒采用容积比较法进行检定,测量标准采用二等玻璃量具通过检定清洁水进行测量;称重系统采用砝码比较法进行检定,测量标准采用F1等级砝码1 mg~500 g进行测量。

2　数学模型

$$\rho=\frac{m}{V} \tag{23-5}$$

式中　ρ——容重;

m——谷物质量,g;

V——容量筒容积,L。

3　方差和灵敏系数

依方程:

$$u_c^2 = \sum_{i=1}^{n}\left(\frac{\sigma f}{\sigma x_i}\right)^2 u^2(x_i) \tag{23-6}$$

得出灵敏系数

$$c(m)=\frac{\sigma f}{\sigma m}=\frac{1}{V},c(V)=\frac{\sigma\rho}{\sigma V}=-\frac{m}{V^2} \tag{23-7}$$

$$u_c^2(\rho)=\frac{1}{V^2}u^2(m)+\left(\frac{-m}{V^2}\right)^2 u^2(V) \tag{23-8}$$

$$u_c(\rho)=\sqrt{\left(\frac{1}{V^2}u^2(m)+\frac{m^2}{V^4}u^2(V)\right)} \tag{23-9}$$

最佳测量方案是$u_c(\rho)$达到最小的情况下的测量方法,即$(\frac{1}{V})^2$、$(\frac{-m}{V^2})^2$为最小。m是被测量谷物的质量待定。使V达到最大值测量就是最佳测量。测量谷物时也是满容量筒测量谷物的容重。所以,V值这里取1 L。

4　标准不确定度分量的分析

4.1　容量筒容积的不确定度 $u(V)$

4.1.1　标准玻璃量具引入的不确定度 $u(V_1)$

4.1.1.1　标准玻璃量具误差引入的不确定度 $u_1(V_1)$

根据《标准玻璃量器》(JJG 20—2001),二等量瓶型 1 000 mL 标准玻璃量器的最大允许误差为±0.160 mL,半宽 $a=0.016$ mL,假设其服从三角分布(标准玻璃量器分度线宽度≤0.4 mm,读数时,靠近分度线中点的数值比较接近两边界的多),则

$$u_1(V_1)=\frac{a}{k}=\frac{0.16}{\sqrt{6}}\approx 0.065(\mathrm{mL})$$

4.1.1.2　定容至刻度的变动性引入的不确定度 $u_2(V_1)$

在重复性条件下对标准玻璃量器进行 10 次连续定容测量,得到测量列 1 000.2 mL、1 000.1 mL、1 000.3 mL、1 000.0 mL、999.8 mL、1 000.2 mL、1 000.1 mL、1 000.0 mL、999.9 mL、1 000.0 mL,由贝塞尔公式得到:

标准偏差为

$$s(V_i)=\sqrt{\frac{\sum_{i=l}^{n}(V_i-\overline{V})^2}{(n-1)}}\approx 0.15(\mathrm{mL})$$

则平均值的标准不确定度为

$$u_2(V_i)=\frac{s(V_i)}{\sqrt{n}}\approx 0.047(\mathrm{mL})$$

4.1.1.3　温度系数引入的不确定度 $u_3(V_1)$

根据《标准玻璃量器》(JJG 20—2001),检定或校准是在室温(20±5)℃条件下进行的。检定室的温度通常为(20±2)℃,设试验环境温度为 22 ℃,不进行温度修订,液体的体积膨胀系数远大于玻璃,因此只需考虑前者即可。水的膨胀系数为 2.1×10^{-4}℃$^{-1}$,产生的体积变化为$\pm(1\,000\times2\times2.1\times10^{-4})=\pm0.42$ mL。半宽 $a=0.42$ mL,设为均匀分布,则

$$u_3(V_1)=\frac{a}{k}=\frac{0.42}{\sqrt{3}}\approx 0.242(\mathrm{mL})$$

标准玻璃量具引入的不确定度为

$$u(V_1)=\sqrt{u_1(V_1)^2+u_2(V_1)^2+u_3(V_1)^2}=\sqrt{0.065^2+0.047^2+0.242^2}\approx 0.26(\mathrm{mL})$$

4.1.2　分度吸量管引入的不确定度 $u(V_2)$

根据《常用玻璃量器》(JJG 196—2006),A 级 2 mL 分度吸量管的最大允许误差为±0.010 mL,半宽 $a=0.010$ mL,假设其服从三角分布(标准玻璃量器分度线宽度≤0.4 mm,读数时,靠近分度线中点的数值比较接近两边界的多),考虑到检测时要使用 2 次,则

$$u(V_2)=\frac{\sqrt{2}a}{k}=\frac{\sqrt{2}\times0.110}{\sqrt{6}}\approx 0.006(\mathrm{mL})$$

4.1.3　容量筒容积引起的不确定度

$$u(V)=\sqrt{u\ (V_1)^2+u\ (V_2)^2}=\sqrt{0.26^2+0.006^2}\approx 0.26(\text{mL})$$

4.2　秤的测量引起的不确定度 $u(\text{m})$

4.2.1　秤重复测量引起的不确定度分量 $u(m_1)$（A类）

在重复性条件下对1 kg秤量点进行10次试验，得到的测量结果如表23-3所示。

表23-3　重复性测量结果

序号	1	2	3	4	5	6	7	8	9	10
示值/ g	999	1 000	1 001	999	999	1 000	1 002	999	999	1 001

$$\overline{m}=\frac{1}{n}\sqrt{\sum_{i=l}^{n}m_i}=999.9(\text{g})$$

由贝塞尔公式得到标准偏差为

$$s(m_1)=\sqrt{\frac{\sum_{i=l}^{n}(m_i-\overline{m})^2}{n-1}}=1.1(\text{g})$$

则平均值的标准不确定度为

$$u(m_1)=\frac{s(m_1)}{\sqrt{n}}=\frac{1.1}{\sqrt{10}}=0.35(\text{g})$$

4.2.2　标准砝码引起的不确定度的分量 $u(m_2)$

通常标准砝码的不确定度是由证书提供的，如未提供，则按规程提供的方法确定。根据《砝码》(JJG 99—2022)，其不确定度不超过该砝码质量允差的1/3，包含因子 $k=2$。因此，对于2 kg测量点，F1等级1 kg砝码的最大允许误差MPE为5 mg，其扩展不确定度为 $U=\frac{\text{MPE}}{3}=\frac{5}{3}\approx 1.7(\text{mg})$，则其标准不确定度 $u(m_2)=\frac{U}{2}=0.85(\text{mg})=0.000\ 8(\text{g})$。

4.2.3　秤的分辨率引入的不确定度分量 $u(m_3)$

秤的实际分度值 $d=1$ g，其分布区间半宽应为 $\frac{d}{2}$，分辨率的影响估计为均匀分布（$k=\sqrt{3}$），则有

$$u(m_3)=\frac{d}{2\sqrt{3}}=\frac{1}{2\sqrt{3}}\approx 0.29(\text{g})$$

4.2.4　容量秤合成标准不确定度

$$u(m)=\sqrt{u^2(m_1)+u^2(m_2)+u^2(m_3)}=\sqrt{0.35^2+0.000\ 8^2+0.29^2}=0.45(\text{g})$$

5　标准不确定度一览表

标准不确定度一览表如表23-4所示。

表 23-4 标准不确定度一览表

标准不确定度分量		不确定度来源	c_i	标准不确定度
$u(V)$	$u(V_1)$	标准玻璃量器	$-m/V^2$	0.20 mL
	$u(V_2)$	分度吸量管		
$u(m)$	$u(m_1)$	重复性	$1/V$	0.45 g
	$u(m_2)$	标准砝码		
	$u(m_3)$	秤的分辨率		

6 容重器的合成标准不确定度

$$u_c^2(\rho)=\left(\frac{1}{V}\right)^2 u^2(m)+\left(\frac{-m}{V^2}\right)^2 u^2(V)$$

$$u_c(\rho)=\sqrt{\left(\frac{1}{V}\right)^2 u^2(m)+\left(\frac{-m}{V^2}\right)^2 u^2(V)}$$

用容重器测量谷物容重时都是采用容量筒满量程测量,所以测量谷物的容积 V 取 1 L。而 m 是 1 L 谷物的质量,这里假设称得 1 L 谷物的质量是 1 kg,则式中:$m=1\,000$ g。

测出这种谷物容重的标准不确定度为

$$u_c(\rho)=\sqrt{\left(\frac{1}{V}\right)^2 u^2(m)+\left(\frac{-m}{V^2}\right)^2 u^2(V)}=0.51(\text{g/L})$$

7 扩展不确定度的评定

取 $k=2$,则 $U=ku_c(\rho)=0.51\times2=1.02(\text{g/L})$。

8 结论

通过本节的介绍,对容重器关于容积测量结果不确定度的建模、分量计算、合成标准不确定度的评定、数据处理方法等,为同类标准器具测量结果的不确定度评定方案的确定和后续处理提供了参考依据,从而为开展数字指示容重器的计量工作提供技术帮助。

第 24 章　撕裂度仪计量技术的研究

撕裂度仪是撕裂强度测定的专用仪器，主要用于纸张撕裂度的测定，也可用于较低强度纸板撕裂度的测定。本章结合作者多年工作实践，从检定规程、检定过程中遇到的问题及不确定度分析等方面进行阐述。

第 1 节　《纸与纸板撕裂度仪》［JJG(轻工)63—2000］节选

本规程非等效采用《纸张撕裂度的测定(爱尔门道夫法)》(ISO 1974—1990)中有关试验仪器原理、结构及校准方法等基本技术内容。

1　范围

本规程适用于最大试验力不超过 16 000 mN 的各种规格的纸与纸板撕裂度仪(以下简称撕裂仪)的首次检定、后续检定和使用中的检验。

2　引用文献

本规程引用下列文献：

《通用计量术语及定义》(JJF 1001—1998)。

《纸撕裂度的测定法》(GB/T 455.1—1989)。

《纸板撕裂度的测定方法》(GB/T 455.2—1989)。

《纸与纸板撕裂度仪》(QB/T 1050—1998)。

使用本规程时应注意使用上述引用文献的现行有效版本。

3　概述

撕裂仪是纸与纸板撕裂强度测定的专用仪器。

撕裂仪是根据国际标准定型的爱尔门道夫式仪器的工作原理设计的。一个几何形体和特性参数已确定的扇形摆体，当把它的质心升至一定高度时将具有位能，当将它释放做自由摆动时，将产生能量的转换，撕裂仪就是以扇形摆体提升后所具有的能量作为撕裂试样的能源，以标准规定的工作条件为依据设计的完整的试验装置。撕裂仪的结构主要由扇形摆体、切纸机构、夹纸机构、操作控制机构等部件组成。撕裂仪外形结构如图 24-1 所示(其他与图示结构不同的撕裂度仪均适用于本规程)。

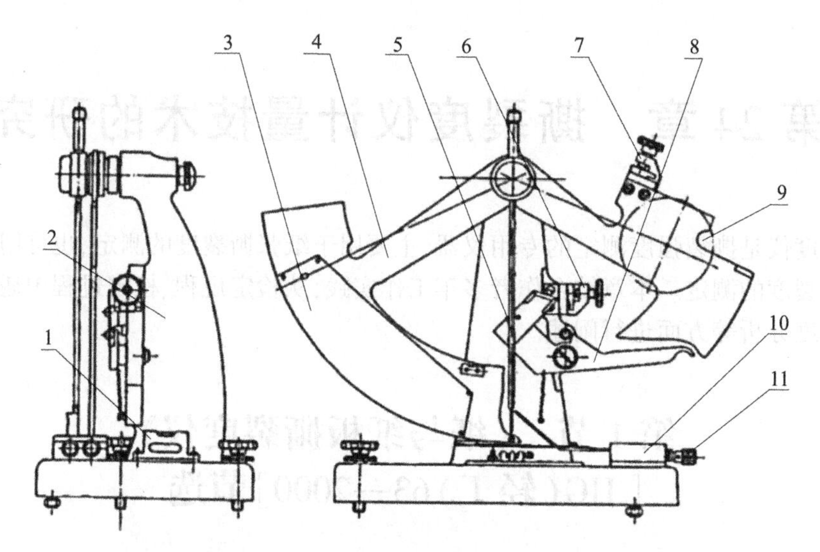

1—水平器；2—座体；3—力标尺；4—扇形摆体；5—指针；6—固定夹纸器；
7—活动夹纸器；8—切纸器；9—校验砝码；10—控制器；11—调节钮。

图 24-1　纸与纸板撕裂度仪

4　计量性能要求

4.1　力示值准确度

力示值准确度，按级别应符合表 24-1 要求。

表 24-1　力示值准确度

级别	项目		
	示值误差/%	示值变动性/%	零位稳定性
0	±0.5	≤0.5	多次重复操作，指针应稳定指零（压线）
1	±1.0	≤1.0	

4.2　扇形摆体支撑轴摩擦阻力

摆轴摩擦阻力以阻力代用指标衡量，应符合表 24-2 要求。

表 24-2　摆轴摩擦阻力代用指标　　单位：次

项目	摆别					
	超轻摆	次轻摆	轻摆	标准摆	重摆	加重摆
全振幅摆动次数	≥8	≥20	≥25	≥35	≥80	≥110

注：1.全振幅摆动次数指摆体摆动时摆幅减小量总和不超过 25 mm 时的往复摆动次数。
2.电子式撕裂仪和采用气动夹具的撕裂仪，摆轴摩擦阻力可不要求。

4.3　指针摩擦阻力

指针摩擦阻力对各量程的扇形摆体均为（30±10）mN。

指针摩擦阻力值以指针被推移出零位刻线的距离，折算为靠近标尺零线的刻度分度格数为代用指标衡量。以刻度分度数表示的指针摩擦阻力，应符合表24-3要求。

表24-3 以刻度分度数表示的指针摩擦阻力 单位：格数

项目	摆别					
	超轻摆	次轻摆	轻摆	标椎摆	重摆	加重摆
(30±10)mN 相当的标尺刻度数	10~30	10~30	4~8	2~4	0.2~0.5	0.1~0.3

5 通用技术要求

5.1 外观和各部分的相互作用

5.1.1 撕裂仪外观表面应无碰伤、划伤、锈斑及影响测量准确度的其他缺陷。

5.1.2 撕裂仪指针移动过程中应平稳，无掉针和晃动现象，在任何位置均应能可靠停置。

5.1.3 撕裂仪扇形摆体在自由摆动过程中不应有松动或阻滞现象。

5.1.4 撕裂仪应有标牌和必要的标记，主要内容包括：

——出厂日期、编号或生产批号；

——制选厂名；

——仪器名称、型号；

——准确度等级；

——计量器具制造许可证标记等。

5.2 调节与控制机构

5.2.1 扇形摆体前后位置应能方便调节，调节后应能可靠锁紧。

5.2.2 撕裂仪整体水平和垂直基准应能方便调节，调节后应能可靠地锁定位置。

5.2.3 撕裂仪扇形摆体初始位置控制和调节应方便省力，调节后位置不应变动。

5.2.4 撕裂仪指针零位调节和控制应可靠，操作应轻便省力。

5.3 切纸机构

5.3.1 切刀刀架应稳固，操作应方便省力。

5.3.2 切刀刀位调节应方便，试样初切口应能在18.5~20.5 mm任意调节。

5.3.3 切刀刃口应锋利，被切出的切口不应起毛，切口偏斜量应不超过0.5 mm。

5.4 结构特性几何参数

——撕裂力臂：(104±1)mm。

——撕裂初始角：(27.5±0.5)°。

——撕裂距离：(43±0.5) mm。

——夹纸器间距离：(2.8±0.3)mm。

5.5 标尺刻度与标示刻线

撕裂仪的力标尺刻度线、扇形摆体上的垂直位置和待工作位置的指示刻线均应清晰、醒目。

6　计量器具控制

6.1　检定条件

6.1.1　检定环境条件应符合下列要求：

——环境温度：10~30 ℃；

——工作台稳固，台面平整；

——工作台面上应垫厚橡胶垫。

6.1.2　检定使用的计量标准器具、量具和工具包括：

——相对误差不超过±0.1%的专用重力砝码；

——游标卡尺、钢板尺等通用工具量具。

6.2　检定项目和检定方法

6.2.1　检定项目一览表(见表 24-4)

表 24-4　检定项目一览表

序号	检定项目	首次检定	后续检定	使用中检验
1	外观和各部分的相互作用	+	+	+
2	调节与控制机构	+	+	–
3	切纸机构	+	+	–
4	结构特性几何参数	+	–	–
5	标尺刻度与标示刻线	+	–	–
6	扇形摆体支撑轴摩擦阻力	+	+	–
7	指针摩擦阻力	+	+	+
8	零位稳定性	+	+	+
9	示值误差	+	+	+
10	示值变动性	+	+	+

注：表中“+”表示需检定项目，“–”表示不需检定项目。

6.2.2　外观和各部分的相互作用

6.2.2.1　要求：应符合 5.1.1~5.1.4 的规定。

6.2.2.2　检定方法：按要求目测、实测和操作检定。

6.2.3　调节与控制机构

6.2.3.1　要求：应符合 5.2.1~5.2.4 的规定。

6.2.3.2　检定方法：按要求实际操作检定。

6.2.4　切纸机构

6.2.4.1　要求：应符合 5.3.1~5.3.3 的规定。

6.2.4.2　检定方法：按要求进行实测、实切检定。

6.2.5　结构特性几何参数

6.2.5.1　要求：应符合 5.4 的规定。

6.2.5.2　检定方法：按要求用游标卡尺实测，其中撕裂初始角的检验，采用实测直角边和斜边长度尺寸，然后按计算角度的方法检定。

6.2.6　标尺刻度与标示刻线

6.2.6.1　要求：应符合 5.5 的规定。

6.2.6.2　检定方法：目测检定。

6.2.7　扇形摆体支撑轴摩擦阻力

6.2.7.1　要求：应符合 4.2 的规定，并满足表 24-2 要求。

6.2.7.2　检定方法：将扇形摆体升起，在摆体控制器上停置，把指针拨开使其在摆体摆动时碰不到指针限制器。按住控制板，扇形摆体自由摆动，记下往复摆动次数，当摆体减幅量的总和达到 25 mm 时停止记数。记录下的摆动次数应符合表 24-2 中规定的指标。

6.2.8　指针摩擦阻力

6.2.8.1　要求：应符合 4.3 的规定，并满足表 24-3 要求。

6.2.8.2　检定方法：

指针摩擦阻力按以下顺序检定：

——检查仪器水平和垂直基准，调好指针零点（对零）；

——将扇形摆休升起至待工作位置，将指针置于零线位置；

——按下摆体控制器档板，摆体做一次空摆，指针将被推出力标尺的零线以外。指针被推出零线的距离，应符合表 24-3 的要求。

6.2.9　零位稳定性

6.2.9.1　要求：应符合 4.1 中表 24-1 规定。

6.2.9.2　检定方法：将仪器水平和垂直基准调好，在夹纸器上不夹试样，将扇形摆体升起，然后做一次无负荷撕裂试验（即空摆试验），指针将被推至力标尺零线位置，观察指针是否指零，若不指零可调节指针控制器，使指针正好与力标尺零线对齐。然后重复做五次空摆试验，指针每次都停在零位（压线）即为合格。

6.2.10　示值误差和示值变动性

6.2.10.1　要求：应满足表 24-1 要求。

6.2.10.2　检定方法：

示值误差与示值变动性同时检定，按下列顺序进行：

——检测点的确定：在各级量程的测量范围内选取均匀分布的五个检测点，一般应选定在测量上限值的 20%、35%、50%、70%、90%各点；

——检验前，调好仪器水平和垂直基准，并调好指针零点；

——将专用力砝码安装在扇形摆体的示值检验孔中（注意：各种结构的撕裂度仪，示值检验孔的位置和砝码质量是不同的），升起摆体停置在待工作位置，指针停靠在指针档板上，然后按下摆体控制板，摆体被释放做一次模拟撕裂试验，此时指针被推移至力标尺的相应刻度位置，指针指示出的力值应与专用力砝码的标称值一致。按进程每个检测点重复试验三次，以力砝码标称值为依据，在力标尺上读数，示值误差和示值变动性按式（24-1）和式（24-2）计算：

$$q=\frac{\overline{F}_i-F}{F}\times 100 \tag{24-1}$$

$$b=\frac{F_{i\max}-F_{i\min}}{F}\times 100 \tag{24-2}$$

式中　q——示值误差,%;

b——示值变动性,%;

F——力砝码标称值,mN;

$\overline{F}_i$——力的同一检测点三次测量示值的算术平均值,mN;

$F_{i\max}$、$F_{i\min}$——同一检测点三次示值中的最大值、最小值,mN。

注:撕裂度仪示值的校准亦可采用 GB/T 455.1—1989 附录 B 和 GB/T 455.2—1989 附录 B 规定的方法进行。这种方法一般只适用于使用中仪器的示值校准。

6.3　检定结果的处理

6.3.1　经检定合格的撕裂仪发给检定证书,检定不合格的撕裂仪发给检定结果通知书,并注明不合格项目。

6.3.2　检定证书内页应注明检定条件、检定项目、检定结果,准确度等级、误差。

6.4　检定周期

检定周期一般不超过 1 年。

第 2 节　撕裂度仪检定的常用方法

纸张撕裂度仪是将预先切一裂口的试样,在摆释放时被撕裂成两半,用摆所消耗的位能来度量撕裂强度的。撕裂力是由绕在机架上方回转中心的摆,在其重心被抬起时储存的。当摆向左摆动,摆的右边越过中心垂线时,就被其下方的弹性释放挡块挡住,使摆上的试祥夹与机架上的试样夹处于可夹持试样的状态。当试样夹紧,并用仪器上配备的切刀切好裂口时,就可以按下弹性释放档块,使摆的位能释放,给试样施加撕裂力。当试样被撕裂成两半,指针 9 就停止在摆上刻度尺的某一位置,读此刻度值。用式(24-3)即可求出试样的撕裂强度:

$$a=sp$$

式中　a——撕裂强度,mN;

s——试验时读出的摆上刻度平均值;

p——摆重系数,分别为 2、4、8。

检定过程的注意事项如下:

(1)安装 PY-H610 纸张撕裂强度仪测量摆时,不要损伤轴颈。

(2)把指针卸掉,用手按下摆的释放键。当摆静止时,摆的定标线应与机架定标线对准,若有差距,可用摆零位调整器调节。

(3)机架上定标线在摆处于初始位置时应与摆右边的零位定标线对准。两个试样夹应平齐,这一点可用试样夹调整器进行调节。

(4)指针应拨到初始位置。

(5)迅速按下释放健,并按住不动,直到摆摆回,此时指针应指示刻度尺零刻度。

第3节　撕裂度仪测量结果的不确定度评定

纸横向撕裂指数检测结果不确定度的主要来源,通过反复试验得出了撕裂指数不确定度的评定步骤和方法,最终给出评定结果。纸张的撕裂指数是考核纸张抗撕裂能力的重要指标,是文化用纸类的一项重要的性能指标,检测结果的有效性与测量不确定度的应用密切相关。本节旨在通过对纸张进行撕裂指数的检测,分析不确定度的来源、建立评定方法和步骤,得到评定结果。

标准规定试样须在温度(23±2)℃、湿度(50±1)%下做平衡水分处理4~6 h。实验室环境温度(23±2)℃、湿度(50±1)%。

1　试验方法及数学模型

1.1　主要仪器及试样选择

主要仪器:济南兰光SLY-S1型电脑测控撕裂度仪;试样:新闻纸48 g/m^2。

1.2　检测过程

(1)将刚取回的新闻纸裁切成若干300 mm×300 mm的纸张,悬挂在恒温恒湿实验室中平衡水份6 h。

(2)按照标准测量纸张的定量,实测值47.8 g/m^2。

(3)将纸张裁切成63 mm×50 mm的足够量试样,长边方向为纸张横向。

(4)调节撕裂度仪的水平、动平衡和静平衡。

(5)挑选纤维均匀的试样,每4张为一组(两张正面朝前,两张反面朝前)进行试验。夹持试样,用冲刀切割20 mm长的切口,沿着切口撕裂,在电脑界面上读取撕裂试样43 mm所需要的力值,计算撕裂指数。数学模型为

$$X=\frac{S\times P}{n\times G}$$

式中　X——撕裂指数,$mN\cdot m^2/g$;

S——撕裂力平均值,mN;

n——同时撕裂的试样层数,标准规定4层;

P——换算因子,即刻度的设计层数,为16;

G——纸张的定量,g/m^2。

2　测量结果的不确定度评定

2.1　不确定度的主要来源分析

纸张撕裂度仪测量的不确定度主要来源如下:

(1)重复测量引入的不确定度。

(2)撕裂度仪冲刀误差引入的不确定度。

(3)纸张撕裂方向裁切误差引入的不确定度。

(4)天平称量误差引入的不确定度。

(5)定量取样器取样误差引入的不确定度。

(6)其他因素引入的不确定度。

2.2 不确定度的评定

(1)评定重复测量引入的不确定度 $u_1(s)$(A 类不确定度)。

对准备好的 10 组试样进行测试,测得的撕裂力 F 如表 24-5 所示。

表 24-5 撕裂力

测量次数 n/次	撕裂力/mN
1	311.992
2	300.592
3	305.883
4	301.477
5	306.760
6	309.383
7	313.691
8	311.992
9	305.005
10	301.477
$\overline{F}$	307.112

根据贝塞尔公式可得标准偏差为

$$s_F = \sqrt{\frac{1}{n-1}\sum_{i=1}^{n}(F_i - \overline{F})^2} \approx 4.800(\text{mN})$$

$$s_{\overline{F}} = s_F/\sqrt{n} = 5.073/\sqrt{10} \approx 1.518(\text{mN})$$

标准不确定度:$u_1(F) = s_{\overline{F}} = 1.518$ mN。

(2)评定撕裂度仪冲刀切口误差引入的力值不确定度。

试样在撕裂度仪上被切的切口长度误差会引入力值的不确定度。由校准证书可知试样切口长度的最大允许误差为±0.5 mm,误差分布满足正态分布,取 $k=\sqrt{3}$,则

$$u_2(d) = \frac{0.5}{\sqrt{3}} \approx 0.289(\text{mm})$$

(3)评定纸张撕裂方向裁切误差引入的力值不确定度。

纸张撕裂方向的尺寸可直接影响到撕裂距离，从而影响撕裂力值，引入不确定度。由可调距切纸刀的校准证书可知：其扩展不确定度 $U=0.01$ mm，$k=2$，则其标准不确定度为

$$u_3(l)=\frac{U}{k}=\frac{0.01}{2}=0.005(\text{mm})$$

(4)评定定量误差引入的不确定度。

①天平称量误差引入的不确定度：天平称量误差会引入纸张定量不确定度，对撕裂指数产生影响。由电子天平的校准证书可知：其扩展不确定度 $U=0.2$ mg，$k=2$，则其标准不确定度为

$$u(l)=\frac{U}{k}=\frac{0.2}{2}=0.1(\text{mg})=0.1\times10^{-3}\ \text{g}$$

②圆形定量取样器裁切误差引入的不确定度：定量称取中，实验室原形定量取样器的裁切面积为100 cm^2，其误差为±0.35 cm^2，满足正态分布，取 $k=\sqrt{3}$，则

$$u(G)=\frac{0.35}{\sqrt{3}}\approx0.202(\text{cm}^2)=0.202\times10^{-4}\ \text{m}^2$$

所以，定量误差引入的合成不确定度为

$$u_4(G)=\sqrt{u^2(l)+u^2(G)}=0.1\times10^{-3}$$

2.3 其他因素引入的不确定度

在试验中，示值感应误差、温室度偏差、仪器动静平衡、同时撕裂纸张层数等会引入细微的不确定度。由于该仪器的精密度极高，在连接电脑界面读数，示值误差较小，仪器每次测试前都要进行高精度的动静态调平衡；试样在恒温恒湿环境中充分平衡水分，纤维舒展均匀，纵横向性能稳定；标准规定一般情况下同时4层撕裂。所以，以上因素带来的不确定度对撕裂力值的影响不大，其不确定度可以忽略不计。

2.4 合成标准不确定度

由于以上各不确定度之间互不相关，所以合成标准不确定度为

$$u(X_m)=\sqrt{c_1u_1(F)+c_2u_2(d)+c_3u_3(l)+c_4u_4(G)}$$

式中，c_1、c_2、c_3、c_4 灵敏系数为

$$c_1=0.084,c_4=0.537$$

纸张撕裂方向裁切误差和撕裂切口误差会导致撕裂长度偏离43 mm，引起撕裂力的变化。c_2 和 c_3 的估算如下：保持纸张定量不变，测试10组4层纸张，当撕裂切口 Δd 增加1 mm时，引起的力值变化为 Δs，测量10次求平均得

$$c_2=c_3=7.216$$

合成标准不确定度 $u(X_m)=1.502$。

由试验全过程可能引入的不确定度分析评定得出：纸撕裂指数测量的合成不确定度为1.502。

参考文献

[1] 中华人民共和国国家质量监督检验检疫总局.专用工作测力机校准规范:JJF 1134—2005[S].北京:中国计量出版社,2005.

[2] 中华人民共和国国家质量监督检验检疫总局.液压千斤顶:JJG 621—2012[S].北京:中国计量出版社,2013.

[3] 中华人民共和国国家质量监督检验检疫总局.界面张力仪校准规范:JJF 1464—2014[S].北京:中国质检出版社,2014.

[4] 国家市场监督管理总局.基桩动态测量仪检定规程:JJG 930—2021[S].北京:中国标准出版社,2021.

[5] 国家市场监督管理总局.环境振动分析仪检定规程:JJG 921—2021[S].北京:中国标准出版社,2021.

[6] 中华人民共和国工业和信息化部.水泥净浆搅拌机校准规范:JJF(建材)104—2021[S].北京:中国建材工业出版社,2021.

[7] 中华人民共和国工业和信息化部.行星式胶砂搅拌机校准规范:JJF(建材)123—2021[S].北京:中国建材工业出版社,2021.

[8] 中华人民共和国国家质量监督检验检疫总局.机动车发动机转速测量仪校准规范: JJF 1375—2012[S].北京:中国质检出版社中国标准出版社,2013.

[9] 中华人民共和国工业和信息化部.水泥胶砂试体成型振实台校准规范:JJF(建材)124—2021[S].北京:中国建材工业出版社,2021。

[10] 中华人民共和国交通部.水泥净浆标准稠度与凝结时间测定仪:JJG(交通)050—2004[S].北京:人民交通出版社,2005.

[11] 中华人民共和国交通运输部.沥青混合料马歇尔击实仪:JJG(交通) 065—2016[S].北京:人民交通出版社,2017.

[12] 中华人民共和国交通运输部. 摆式摩擦系数测定仪:JJG(交通)053—2017[S].北京:人民交通出版社,2017.

[13] 国家质量监督检验检疫总局.贯入式砂浆强度检测仪校准规范:JJF 1372—2012[S].北京:中国标准出版社,2013.

[14] 中华人民共和国国家质量监督检验检疫总局.非金属建材塑限测定仪校准规范:JJF 1090—2002[S].北京:中国计量出版社,2004.

[15] 中华人民共和国国家质量监督检验检疫总局.固结仪校准规范:JJF 1311—2011[S].北京:中国质检出版社,2011.

[16] 国家质量监督检验检疫总局.烟支硬度计检定规程:JJG 1031—2007[S].北京:中国质检出版社,2007.

[17] 中华人民共和国国家质量监督检验检疫总局.容重器检定规程:JJG 264—2008[S].北京:中国质检出版社,2008.